FOSSIL ENERGI PÅ VÄG UT
Men vad kommer i stället?

Tidigare utgivna böcker av samma författare:
1. Sverigedemokraterna – inifrån och utifrån.
2. ...och den ljusnande framtid är vår?!? - Vad vet vi och vad tror vi om framtiden.
3. Lever vi av räntan eller tär vi på kapitalet? Att hushålla med jordens resurser.
4. Nya Sverige och de nya svenskarna - Mångfaldens möjligheter och utmaningar.
5. Vårt dagliga bröd giv oss idag - Kommer maten att räcka till?
6. Fossil energi måste ut - Vad kommer i stället?
7. Nu blir vi digitaliserade – Vi blir 1:or och 0:or.

Bild framsidan:

https://pixabay.com/sv/photos/g%C3%A5rden-vind-maskiner-vindkraftverk-62260/

© 2019 Lars-Arne Sjöberg
Förlag: BoD – Books on Demand
Tryck: BoD – Book on Demand, Norderstedt, Tyskland
ISBN: 9789178511228
Alla rättigheter förbehålls

Inledning 7

Vad är framtidens energi 8

Energikällor 9

Energiproduktion 22

Energi ur luft, vatten, jord och berg 23

Metanol 31

Etanol 34

Bränslecell 35

Förnyelsebara drivmedel 35

Kärnkraft 58

Fusionskraft 58

Hur är dagsläget? 59

Initiativet Fossilfritt Sverige 61

Energilagring 61

Framtidens energi 66

Att värma upp ditt hus 74

Förnybart väntas växa med 50 procent till 2024 85

På gång i forskarvärlden 86

Bioenergi, biogas, grön energi 90

Bränsleceller 93

Batterier 93

Energi 96

Till sist 106

Referenslista 107

Inledning

Vi måste minska användningen av fossila energikällor och gå över till förnyelsebar solenergi, vind- och vågenergi, vattenkraft, bioenergi i form av biogas, pellets, flis, ved och geotermisk energi m.m.

Fossila ämnen har vi haft främst i bilar samt i uppvärmning av våra hus.

På 88 minuter träffas jorden av solenergi som motsvarar den globala energikonsumtionen över ett år. Solceller ger elektricitet och är förnybar, fri från utsläpp av växthusgaser och den kan produceras utan att störa djur, natur eller människor och med den snabba utveckling som vi nu ser kommer solceller med stor säkerhet att vara en viktig energikälla i framtiden.

Egentligen är det fel att tala om energiproduktion utan snarare energiomvandling. Energin är oförstörbar, men måste omvandlas till en form, som gör att vi kan använda den.

Dessutom kan vi lite förenklat anse att all energi har sitt ursprung från solen. Därför är det naturligt att anse solenergi som framtidens energi.

Elektriciteten produceras när sol, vind och vatten när det är möjligt, men detta sammanfaller inte alltid med när våra behov är som störst. Detta kräver en utveckling av olika former av energilagring.

Vad är framtidens energi

Varifrån ska jordens energiförsörjning komma i framtiden om fossila bränslen som kol, olja och naturgas tillhör det förflutna[1].

Hela världens energiförbrukning har ökat med mer än 50 procent de senaste 20 åren – och den fortsätter att öka.

Dagen sju miljarder människor förbrukar en energimängd som motsvarar mer än 14 miljarder ton olja om året varav bara en sjundedel kommer från hållbara källor och kärnkraft. Över 80 procent produceras fortfarande genom förbränning av kol, olja och naturgas.

Vi måste hitta nya energikällor, som inte tar slut och vi kan se till att det fortfarande kommer ljus från glödlampan när vi trycker på strömbrytaren om 100 år.

Forskare och ingenjörer runt om i världen är redan i färd med att hitta lösningar på var framtidens energi ska komma ifrån.

Energikällor

2017 var Sveriges energiförsörjning fördelat enligt följande och då avses bara den energi som distribueras i våra elnät.

Tillförd energi, TWh[2]

Biobränsle	143
Råolja och petroleumprodukter	122
Natur- och stadsgas	11
Övrig bränslen	17
Kärnbränsle	184
Primär värme	4
Vattenkraft	65
Vindkraft	18
Kol och koks	21
Import-Export	-19
Toltalt	**565**

Total slutlig användning per energibärare, TWh

Biobränsle	89
Kol och koks	14
Petroleumprodukter	87
Natur- och stadsgas	6
Övriga bränslen	6
Fjärrvärme	50
El	126
Totalt, TWh	**378**

Omvandlings- och överföringsförluster för icke energianvändning,

Icke energiändamål	39
Omvandlings- och överföringsförluster	27
Förluster i kärnkraft	118
Energisektorns egenanvändning	10
Totalt, TWh	**195**

Förnyelsebara

Vi brukar räkna följande som förnybara energikällorna:

- solenergi
- vindenergi
- vågenergi
- vattenkraft
- bioenergi i form av biogas, pellets, flis, ved m.m.

Begreppen *"förnybara drivmedel"* och *"biodrivmedel"* syftar på bränslen som framställs av förnybara råvaror och inte av fossila råvaror.

Transportsektorn består av många olika fordonstyper med olika krav på bränsleformer. Detta ställer krav på olika drivmedel.

- *Det finns ganska starka åsikter om vilket bränsle som är det bästa, men inget enskilt drivmedel kommer att klara av omställningen allena. Utifrån en mångfaldspalett är det bra, då konkur-*

rerar inte alla om samma råvara. Det ökar förutsättningarna att få fram tillräckliga mängder, säger Jonas Lööf på organisationen Miljöfordon Sverige.

Antal nyregistrerade personbilar efter drivmedel[3]

	2006	2011	2016	2018
Fossila drivmedel				
Bensin	220 002	106 452	140 198	173 808
Diesel	61 203	195 153	181 535	137 409
Totalt fossila drivmedel	281 205	301 605	321 733	311 217
Andel fossila drivmedel	89,6%	92,3%	91,9%	85,1%
Fossilfria drivmedel				
El	2	185	2 540	7 147
Elhybrid	2 851	2 927	12 283	21 023
Laddhybrid	0	0	9 375	21 810
Etanol/etanol flexifuel	26 118	15 283	764	1 020
Gas/gas flexifuel	3 626	6 618	3 421	3 288
Totalt fossilfria drivmedel	32 597	25 013	28 383	54 288
Andel fossilfria drivmedel	10,4%	7,7%	8,1%	14,9%
Övriga bränslen	10	31	47	30
Andel övriga drivmedel	0,0%	0,0%	0,0%	0,0%
Total drivmedel	313 812	326 649	350 163	365 535

Flera skogsbolag ställer just nu om till att också producera biobränsle. Även flygindustrin har siktet inställt på skogen.

Vår stora förbrukning av fossila drivmedel visar att vi har en utmaning när det gäller en övergång till förnybara drivmedel.

Trots allt det forskningsarbete som genomförts är det svårt att utveckla hållbara och förnybara bränslen som kan produceras i tillräckligt stor omfattning[4].

- Förnybara bränslen måste tillverkas från råvaror som finns i tillräckliga mängder och inte konkurrerar med exempelvis matproduktion. Idag finns det inte tillräckligt med råvara för att kunna byta ut den globala användningen av fossila drivmedel.
- Tillverkningen måste vara tillräckligt effektiv så att det inte krävs mer energi för att framställa bränslet än vad bränslet i sig kan producera i drift.
- Det nya bränslet måste rent teknisk fungera i de avsedda fordonen.
- De nya tekniker som under utveckling är lovande men innan de kan leverera stora volymer till marknaden återstår fortfarande en hel del arbete.
- Produktionskedjan måste totalt sett också innebära en verklig miljövinst när det gäller utsläpp av koldioxid och andra skadliga ämnen.

Solenergi

Solenergi är nu den billigaste energikällan i trettio länder. Storskalfördelar pressar priserna i alla led, batteritekniken förbättras och batterifabriken Tesla bygger i Nevada är den största fabriken i världen, alla kategorier.

Utsläppen för olika drivmedel är enligt Preem mätt som ett medelvärde under 2018[5,6].

	g CO_2/MJ	g CO_2/kwh
Diesel MK1	77,2	278
FAME	32,1	116
HVO	8,8	32
Bensin MK1	90,2	320
E85	48,5	175
Fordonsgas	16,3	50
El	13,0	47

Maskinerna vinner över oss på vissa områden, men när människor och maskiner jobbar ihop blir resultatet allra bäst. Även i framtiden kommer det nog finnas uppgifter för människor.

Man kan tycka att solenergin är "*ren*", men man måste räkna in ett livscykelperspektiv, där tillverkning och destruktion av solcellsanläggningar ingår.

På mindre än fem dagar nås vi av solenergi som motsvarar all olja, kol och naturgas som finns på planeten. Vi kan lösa jordens energiproblem med mindre än 0,1 % av den solenergi som träffar jorden.

2016 var året då solenergin i många länder blev billigare än fossila bränslen. Priserna på solenergi fortsätter att sjunka.

Vid nya investeringar i energi är solenergi den billigaste. Bara i USA investerades 2016 i 125 solpaneler per minut. Det är dubbel så mycket som under året innan.

Vindenergi
Vindkraft är tillsammans med solenergi de mest energivänliga sätten att producera elektricitet på och dessutom de energiformer som växer snabbats i världen[7]. Flertalet av de vindkraftverk som vi ser längs våra vägar och i vindkraftparkerna har en effekt på 1.5 - 3.0 MW.

Vid mer normala vindar på 5-20 m/s kan ett vindkraftverks verkningsgrad vara teoretiskt upp till 59.3 %. Hos bra vindkraftverk går det att får ut omkring 27-38 % verkningsgrad beroende på hur optimal vinden är.

Vindkraftverk placeras i öppen terräng. Ju högre ett vindkraftverk står desto större möjlighet att fånga upp vindarna. Ett vindkraftverk kan ge 1 300 hushåll el. Vindkraften står för ca 5 % av vår el.

Vindkraft täcker cirka tre procent av världens elförbrukning i dag, men år 2050 kan den ha vuxit till 33 procent.

Vågenergi

Vågenergi kan endast få marginell betydelse på våra breddgrader. En generator placeras på havsbotten och i dess rörliga del sitter en boj fast med ett rep. Bojen flyter uppe på havsytan och vågorna får den att röra sig upp och ner. Bojens rörelser gör att generatorn också rör sig upp och ner och på det sättet genereras el[8].

Stormtåliga vågkraftsbojen skalas upp

Svenska Corpowers vågkraftverk är lätt, kan stå emot stormar och beräknas kunna ge fem gånger mer energi än andra vågkraftverk.

Ett tidvattenkraftverk utnyttjar tidvattnets rörelser för att utvinna energi. I praktiken är det antingen höjdskillnaden mellan hög- och lågvatten eller själva strömmarna som bildas när vattnet förflyttas över jordklotet som man utnyttjar för energiutvinning[9,10].

Vattenkraft

Vattenkraft står för knappt hälften av produktionen av elektricitet i Sverige[11]. De största kraftproducerande vattenkraftverk finns i älvarna Luleälven i Norrbotten, samt Indalsälven i Jämtland och Medelpad. De största svenska vattenkraftverken finns i övre Norrland. Kalix älv, Torne älv, Piteälven och Vindelälven, liksom en rad andra älvsträckor och åar, är genom riksdagsbeslut skyddade från vidare utbyggnad.

Vattenkraft känner vi alla till – från enkla skovelhjul i en bäck till stora vattenkraftverk i de norrländska älvarna. Konflikten ligger i de förlorade naturvärden, som en utbyggnad utgör. När vattnet regleras, så bildas stora dammar och tar stora markområden i anspråk - ofta i känslig och orörd fjällnatur. Men de stora elproducerande vattenkraftverken finns i Norrland och de stora elkonsumenterna finns i södra Sverige. Ledningarna blir långa, ger elförluster och är sårbara.

Framtidens vattenkraft
Den kvarvarande potentiell möjligheterna till utbyggnad av vattenkraften är ytterst begränsad. I stället får vi nog pröva möjligheterna till att öka kapaciteten hos de befintliga anläggningarna. Man söker ökad flexibilitet, investeringar i ny teknik och riktade miljöåtgärder. Vattenfall är en av Europas största operatörer, vilket ger oss en tydlig konkurrensfördel[12].

Bioenergi i form av biogas, pellets, flis, ved m.m.
Bioenergi är energi som återvinns via organiskt material som bildats med hjälp av fotosyntesen. Råvaran kommer bland annat från skogsbruk, olika växtdelar, avfall,

plantager och jordbruk. Utan tvekan kommer olika former av biobränslen att öka i betydelse.

Biobränslen brukar delas in i undergrupper utifrån råvarans ursprung[13].

Trädbränslen
Här ingår rester från avverkningen, grenar och toppar som vanligen kallas grot.

Avlutar
Kokvätskan som uppstår vid framställning av pappersmassa. Upp emot hälften av den ved som kokas finns i kokvätskan.

Energigrödor
Det kan vara raps, ryps för oljeutvinning, rörflen till bränsle eller strö. Salix, hybridasp eller poppel till bränsle. Halm, energigräs för eldning samt vall och andra växter som kan rötas till biogas.

Bioenergi från avfall
Sorterat organiskt avfall
- Kan eldas för produktion av värme och el i avfallsförbränningsanläggningar
- Kan också rötas till biogas. Även rötgas från reningsverk och deponigas räknas hit.
- Kan komposteras för att använda som jordförbätt-

ring.

Biomassan måste oftast förädlas för att kunna användas som bränsle i motorer men det är inte alltid ett måste då den i vissa fall även kan användas utan förädling. Förädlingen innebär att man gör biobränslet renare och för att det ska fungera bättre.

Bioenergi har många bra fördelar och är ett bra bidrag till vårt energibehov. Då den största delen förnybara biobränslen kommer från biprodukter från bland annat skog och mark så blir bioenergi en del av kretsloppet. Det är dessutom ekonomiskt då det är billigare att framställa än t.ex. direktverkande el och olja. Biobränsle tillverkas i Sverige vilket gör att långa transporter går att undvika utan problem. Bioenergi ökar inte koldioxidhalten och den skog som planteras efter avverkning tar upp samma del koldioxid som den som släpps ut då råvaran förbränns.

Var produceras bioenergi och hur stor del av den svenska elförsörjningen står den för?

Bioenergi produceras i fjärrvärme- eller kraftvärmeverk i kombination av bioelektricitet. Även i kraftvärmeverk med produktion av biopellets, s.k. bioenergikombinat, tillverkas bioenergi. Totalt står bioenergi för knappt 30 procent av den totalt energitillförseln i Sverige.

Det finns även utmaningar med biobränsle där den största består av att vi har för hög energikonsumtion och därför kan inte all energi förses med hjälp av bioenergi. Skulle trycket på biobränsle öka markant så skulle ekosystemet bli ohållbara med resultat som skulle ge negativ påverkan på bland annat miljö och lokalbefolkning. Genom att kontrollera produktionen och på ett bra sätt nyttja restprodukter samt andra förnybara energikällor kan vi avlasta ekosystemet.

Gengas
Under andra världskriget användes gengas som fordonsbränsle på grund av bristen på olja. Befintliga bilar modifierades genom att förses med mindre gasgeneratorer, så kallade gengasaggregat.

Gengas uppstår vid pyrolys av trä eller kol och som kan användas som bränsle, bland annat för att driva motorer. Gengasen består huvudsakligen av kolmonoxid, vätgas, metan och koldioxid. Gengasen är på grund av sitt innehåll av kolmonoxid giftig innan den förbränns[14].

Icke förnyelsebara
Vi brukar räkna följande som icke förnybara energikäl-

lorna:

- naturgas,
- råolja
- stenkol
- uran

Torven är ett mellanting mellan förnybart och fossilt bränsle, som har en ganska kort förnyelsetid på runt 100 år.

Naturgas
Naturgas består till största delen av metan och utvinns från källor på land eller under havsbotten. Hälften av naturgasen används inom industrin[15].

Olja
Olja bildas precis som kol långt ned under jordytan, där växter och andra organismer i marken utsatts för högt tryck och höga temperaturer under miljontals år och så småningom omvandlats till olja. Oljan ligger samlad i fickor i poröst berg eller i form av oljesand[16].

En amerikansk forskaren, Jeff Dukes vid universitetet i Utah, har beräknat att det går åt 23,5 ton förhistoriskt växtmaterial för att bilda en liter bensin. Detta motsvarar ett vetefält på 16 200 kvadratmeter, där precis alla delar av växten räknas med – det vill säga ax, blad, rötter och stjälkar[17].

Världens oljereserver är lite över 1 000 miljarder fat. (Ett oljefat rymmer ca 208 liter och fylls med 200 liter) Om vi fortsätter i det nuvarande tempot i utvinningen fortsätter betyder det att det finns olja i 43 år till. Man har även hela tiden upptäckt nya förekomster som kompenserat för den årliga produktionen[18].

Stenkol

Stenkol är en typ av den sedimentära bergarten och fossila bränslet kol, med en kolhalt på 85–90 %. Stenkol är också ett äldre namn på den geologiska perioden karbon.

Stenkol används framförallt som bränsle i värmekraftverk. Genom torrdestillation av stenkol i gasverk erhålls stadsgas, stenkolstjära och koks. Vid tillverkning av järn och andra metaller var träkol tidigare en viktig råvara, men har nu till största delen ersatts av stenkol[19].

Uran

Kärnkraft spelar en avgörande roll i många europeiska länder eftersom den är ekonomiskt attraktiv, har en hög leveranssäkerhet och medför låga koldioxidutsläpp.

Kärnkraften har två problem:

- Risken för reaktorhaveri med förödande konsekvenser.
- Förvaringsproblemen är inte lösta för avfalls- och restprodukterna från reaktorerna.

Omställningen till förnybart handlar inte bara om att byta energikälla. De företag och länder, som äger oljefälten, kolgruvorna och kärnkraftverken kommer att få mindre betydelse eftersom många av de kommande energislagen är möjliga att driva småskaligt och kommer alltmer att äga sin egen elproduktion. Allt fler kommer att ha tak med solceller, fler människor har egna vindkraftverk eller andra förnybara anläggningar. Vi minskar också den sårbarhet som vi upplevt när någon kraftledning eller transformator havererat i något oväder, av sabotage eller som en följd av klimatförändringarna[20].

Energiproduktion

Den eviga energikällan solen ger oss energi motsvarande 10 000 gånger jordens hela energiförbrukning. Några få procent av Saharaöknens yta skulle teoretiskt räcka för att, med solinstrålningen som källa, producera lika mycket energi som vi människor använder totalt på jordklotet[21].

Den i solen lagrade energin omvandlas till olika energiformer, som vi kan använda. Solen ger växtlighet genom fotosyntesen, växter vi kan äta eller utfodra djuren med, som vi i sin tur kan äta. Växtligheten ger träd, som vi kan bygga hus av osv.

När det gäller att utvinna energi direkt ur solen finns solfångare som ger värme och varmvatten. Det är en relativt enkel teknik där solstrålarna lyser på en yta och värmer t.ex. vatten.

Förnybart är det som gäller. När vi använder förnybara råvaror, återlämnar vi den koldioxid vi *"lånat"* av naturen och som bundits i våra växters fotosyntes för en kort tid sedan och kommer inom en snar framtid att bindas igen, men det blir ett överskott av koldioxid så länge vi frigör den koldioxid som bands i de fossila bränslena för mycket, mycket länge sedan[22].

Ökade nivåer av koldioxid i atmosfären under 1900-talet har förändrat växters metabolism enligt forskare i Umeå. Studien är den första i världen som genom historiska växtprover kunnat dra slutsatser kring biokemisk reglering av växtmetabolism.

Energi ur luft, vatten, jord och berg
Solceller

Förutom möjligheten att producera el till huset vill man satsa på integrerade lösningar. Ett vanligt tillämpningsområde är att kombinera solceller med solavskärmning[23].

Solceller går ofta bra att integrera med byggmaterial som glas och plåt. Solenergisystemen kan också ersätta befintliga tak- och fasadmaterial.

Integrerade solenergisystem behöver inte nödvändigtvis innebära stora merkostnader, om andra material kan ersättas. Man får också tänka på att byggnaden långsiktigt kan få en lägre driftskostnad, tack vare energiproduktionen.

Ger el och är fri från utsläpp av växthusgaser och den kan produceras utan att störa djur, natur eller människor. Ett vanligt förekommande material har länge varit svart kisel – en behandlad form av kisel som fångar solljus mycket mer effektivt än vanligt kisel. Genom att addera en tunn aluminiumoxid-film har ett forskarlag från Aalto-universitetet i Esbo och Tekniska universitetet i Barcelona lyckats få upp verkningsgraden till 22,1 procent – ett rekord för denna typ av celler.

Forskarna i Australien har utvecklat ultraeffektiva solceller av en helt ny typ som har fört jorden ett stort kliv närmare en framtid med förnybar solenergi. En helt ny typ av solceller, som spränger alla ramar för effektiv omvandling av okoncentrerat solljus till elektricitet. Man har lyckats öka det tidigare rekordet för effektivitet från 24 procent till otroliga 34,5 procent[24].

Olika typer av solceller
På marknaden finns idag är
- monokristallina solceller,
- polykristallina solceller
- tunnfilmssolceller

De två första dominerar marknaden[25].

Det som skiljer de olika typerna:
- utseende,
- böjbarhet,
- verkningsgrad
- pris

Monokristallina solceller
Basen ät kisel i dessa solceller. Dessa är inte helt igenom rektangulära utan har rundade kanter.
- Verkningsgraden för modulerna ligger på runt 15–22 procent.

- Kostnaden per modul är högre än för polykristallina solceller.

Polykristallina solceller
Dessa är också baserade på kisel och innehåller rektangulära solceller.
- Verkningsgraden för modulerna ligger på runt 15–17 %.

Tunnfilmssolceller
- Dessa celler är tunna med låg materialåtgång. Det finns olika typer:
    - CdTe (kadmium, tellurid)
    - CIGS (koppar, indium, gallium, selen).

Både verkningsgrad och modulkostnad är något lägre för CdTe än för CIGS.

Generellt sett blir en anläggning med tunnfilmssolceller dyrare än en anläggning med kiselsolceller förutsatt att samma mängd el ska produceras. Verkningsgraden för modulerna ligger på runt 10–16 %.

Både el och värme med PVT
PVT (förkortning av engelska photovoltaic thermal hybrid solar collector) avser solpaneler som alstrar både el och

värme.

Panelerna består både av ett material som producerar el, och ett värmeledande material. Panelen tar tillvara på värmen från solinstrålningen.

Fysiska utformningen av solceller
Samtidigt som utvecklingen går framåt när det gäller själva tekniken för omvandling av solljuset till elenergi, så arbetar man mycket med den fysiska formen av solcellerna.

Några exempel:
Takpannor
Takpannorna genererar sin egen el. Två svenska företag har utvecklat takpannor med integrerade solceller[26].

Vägbanor
Frankrikes regering vill täcka 1 000 kilometer väg med solpaneler under de kommande fem åren. Detta kan förse åtta miljoner människor med elektricitet – fem procent av landets befolkning, skriver Global Construction Review.

Fasader
Genom att klä in en fasad med solceller skapar man en yta som fångar upp och tar vara på solens energi[27].

Fönster

Fönster som kan också producera solenergin. Det är vad amerikanska NREL lyckats åstadkomma tack vare ett nytt material.

- *Vi har en bra solcell när det är mycket solsken, och ett bra fönster när solen inte skiner*, säger forskaren Lance Wheeler.

Flytande solceller

Storskaliga flytande solcellsparker kan vara en av lösningarna för en hållbar energiförsörjning. EU har nu godkänt ett projekt som ska optimera förankringen och förtöjningen av flytande solcellsparker och anpassa lösningarna även till havsmiljö. Målet är att kraftigt minska kostnaderna för förankring av flytande solcellsparker[28].

Värmepumpar

I en värmepump används olika varianter av medier. Några alternativa former av värmepumpar:
- Luft/luft (värmer luften i ett rum)
- Luft/vatten (värmer vattnet i husets värmeledningar och varmvattenberedaren)
- Frånluftsvärmepump (tar värmen från frånluften i husets ventilationssystem och återanvänder värmen in i rummet eller värmer varmvattnet)

- Bergvärmepump
- Ytjordvärmepump
- Sjövattenvärmepump

En värmepump överför värme genom att man kan ändra kokpunkten för en vätska genom att ändra trycket. Vi känner alla till kylskåp, där vi *"flyttar ut"* värme från skåpet och värmer omgivningen samtidigt som kylskåpet kyls.

Här används samma teknik, men här vi tar värmen från luft, berg, ytjord eller sjövatten och *flyttar in* detta i rummet och lämnar tillbaka kyla. För att driva processen krävs i samtliga fall energi, men denna förbrukning är långt mindre än den alstrade.

Vi förbränner biomassan när vi eldar för uppvärmning, som drivmedel för våra fordon eller till energi i våra kroppar när vi omvandlar vår mat till energi.

Biomassan *"lånar"* vi i olika material som papper och trä, men även i olika mineraler och metaller. I det sistnämnda fallen ligger det många hundra miljoner år mellan bildandet och användningen i naturlig eller förädlad form.

När vi talar om fossila bränslen avser vi en situation där många hundra år gått mellan fotosyntesen och förbränningen.

All förbränning kräver syrgas vare sig den sker i en eldstad, bilmotor eller i våra kroppar. Vi producerar koldioxid. Om förbränningen sker nära i tiden efter biomassans bildande kallar vi denna biomassa för förnyelsebar energi, Motsatsen gäller också. Massan (kol, olja, mineraler osv.) bildades för mycket länge sedan och vi kallar biomassan fossil. När dessa massor bildades för flera hundra miljoner sedan förbrukade fotosyntesen den koldioxid som då fanns i atmosfären, men när vi förbränner ämnena i nutid, så får vi ett överskott av koldioxiden. Vi har fått det vi kallar för växthuseffekten.

Imitering av fotoynten

I naturens fantastiska process – fotosyntesen – tar växtligheten upp koldioxid ur luften och vatten från roten och bildar biomassa.

Att imiterar växters fotosyntes har varit en dröm för forskarna och nu har man lyckats.

Man kan göra bensin gjord av solljus. De använder bakterier till att kopiera växternas fotosyntes. Solcellerna är till och med mer effektiva än växterna.

Verkningsgraden för en vanlig fotosyntes är endast en procent av solens energi medan de biomimetiska solcellerna omvandlar tio procent av energin i solstrålarna till att skapa flytande bränsle liknande bensin, petroleum och diesel.

Metanol

Kan vi klara målet om en fossiloberoende fordonsflotta till år 2030? Metanol kan vara ett alternativ. Värmlandsmetanol i Hagfors kan bli den första lokaliseringen. Man vill satsa på storskalig produktion av skogsbaserad metanol (träsprit). Klartecken som Björn Gillberg och de 1 600 delägarna i Värmlandsmetanol väntat på i flera år – och som aldrig tycks komma. Fabriken är färdigprojekterad och tyska Thyssen Krupp har totalentreprenad och garanterar anläggningens funktion och prestanda[29].

Bränslet matas in i en förgasare och blir under hög värme och högt tryck till en syntesgas som förädlas till biometanol, cirka 375 000 liter metanol per dygn.

Restprodukten vedaska är mycket rik på näringsämnen. Den återförs därför till skogsmarken.

I ett första skede ska metanolen användas som låginblandning i bensin. Den kan också fritt blandas i bensin tillsammans med etanol.

Ett alternativt att framställa metanol har presenterats från Chalmers och ser detta som ett nytt sätt att framställa vätgas som framtidens bränsle[30].

I stället för att släppa ut koldioxiden i luften kan man använda den för att ta fram metanol – som är ett utmärkt bränsle för bilar och flygplan – med hjälp av solenergi.

Att tillverka metanol med hjälp av solljus har flera viktiga fördelar jämfört med andra energisystem.

Metanol är lätt att lagra, till skillnad från elektricitet. Det är ett fordonsbränsle som är färdigt att använda i dagens infrastruktur.

Metanol utvunnen genom förgasning ger högsta energiutbytet till lägsta produktionskostnad jämfört med alla andra metoder att få energi ur biomassa.

Björn Gillberg berättar att över 85 procent av de biodrivmedel som används i Sverige importeras. Merparten kommer genom rovdrift från skövlade regnskogar som ersatts av oljepalmer.

Evert Gummesson, som är en internationellt erkänd professor i företagsekonomi, hävdar att VärmlandsMetanols projekt kan utvecklas till en basindustri, jämförbar med den norska oljeindustrin. Men en sådan utveckling motarbetas enligt Gummesson i Sverige av regeringen, finansbolagen och EU, som misslyckats med sin roll att stötta nya infrastrukturprojekt.[31]

I dag får som mest tre procent metanol blandas in i bensin i Sverige och Europa, vilket hittills inte har gjort metanolen kommersiellt lönsam att satsa på.

Metanol är ganska enkel att tillverka och i dag är det bara Kina som använder metanol kommersiellt och den kan användas som rent bränsle, men också utblandad med bensin.

Än så länge har metanol haft en undanskymd roll, men om det blir aktuellt i framtiden pratar vi i så fall ganska många år fram i tiden.

Etanol

Etanol används som bränsle för förbränningsmotorer. I Sverige säljs det bland annat som blandningar i E85 och ED85.

Etanolen framställs ur flera råvaror, bland annat sockerrör och vete, men också ur den svenska skogen som biomassa och är därför relativt miljövänligt.

Det finns kritik mot att produktiv jordbruksmark tas i anspråk för detta i stället för att producera mat till hungrande medborgare.

Etanol används i E85 och ED85 men dessa kan inte betraktas som förnyelsebara på grund av sina bensin- resp. dieselinnehåll.

Etanol kan inte användas utan bensininblandning enligt nuvarande skatteregler. Ren etanolen skulle beläggas med alkoholskatt (c:a 500 kr/liter)[32].

Etanol används redan flitigt på marknaden. Dess största fördel är att den kan blandas in i bensin. Den svenska bensinen innehåller alltid fem procent etanol och man skulle kunna blanda in ännu mer.

I dag är produktionen nästan uteslutande från spannmål och då främst av vete. På sikt räknar man med att den tillverkas av halm eller skog. Man har också börjat göra etanol av restprodukter från livsmedelsindustrin.

Etanol kommer troligen att finnas kvar som en bränslekomponent. Det kommer kanske att bli konkurrens kring nyttjande av åkermarken. Ska vi odla spannmål för en växande befolkning?

Bränslecell

En bränslecell[33] kräver ett bränsle, vanligtvis vätgas. Vätet delas upp i elektroner och protoner vid anoden. Elektronerna leds genom en elektrisk ledning och bildar en ström. Protonerna vandrar genom en elektrolyt till katoden, där protoner och elektroner reagerar med syrgas och bildar vatten.

Förnyelsebara drivmedel

Vi brukar räkna följande drivmedel som förnyelsebara.
Gaser
    Biogas
    Flytande biogas (Liquefied Bio Gas)

Alkoholer
    Metanol
    Etanol
    Etrar och estrar
    Dimetyleter
    FAME – Fettsyrametylestrar
    HVO - Hydrerade vegetabiliska oljor
    Bensin- och dieselsubstitut
        Syntetisk diesel
        Syntetisk bensin
        Biobensin (Iso-oktan)
        Preem Evolution Diesel

Man kan förstå att det finns starka krafter som vill bevara förbränningsmotorerna. Bilfirmorna vill förlänga livet för förbränningsmotor. Biltillverkarna har investerat i kapital och kunnande i omfattande utvecklingsavdelningar.

Likaså har vi bilverkstäder, som har kunnande och utrustning för förbränningsmotorer.

Det finns också starka intressen i de oljeproducerande länderna, där de ofta byggt stora delar av sitt välstånd på oljepengar. I Saudiarabien betalar inte invånarna någon skatt utan oljeintäkterna bekostar hela samhällsapparaten.

Oljan har också en politisk kraft i OPEC (Organization of the Petroleum Exporting Countries). OPEC, är en internationell organisation bestående av de fjorton länderna Algeriet, Angola, Ecuador, Ekvatorialguinea, Förenade arabemiraten, Gabon, Iran, Irak, Kuwait, Libyen, Nigeria, Qatgar, Saudiarabien, och Venezuela[34].

Det presenteras nya bränsleformer, som ska rädda fordonsindustrin. I första hand ska vi köra en mindre bil eller en mindre drivmedelsförbrukande bil. Vi kan om möjligt byta bränsleform till förnyelsebara drivmedel[35].

De flesta forskare och experter är överens om att endast ett enskilt bränsle inte kan rädda världen utan många olika bränslen måste användas.

Transportsektorn består av många olika fordonstyper med olika krav på bränsleformer. Detta ställer krav på olika drivmedel.

- *Det finns ganska starka åsikter om vilket bränsle som är det bästa, men inget enskilt drivmedel kommer att klara av omställningen allena. Utifrån en mångfaldspalett är det bra, då konkurrerar inte alla om samma råvara. Det ökar förutsättningarna att få fram tillräckliga mängder,* säger Jonas Lööf på organisationen Miljöfordon Sverige.

Flera skogsbolag ställer just nu om till att också producera biobränsle. Även flygindustrin har siktet inställt på skogen.

Vår stora förbrukning av fossila drivmedel visar att vi har en utmaning när det gäller en övergång till förnybara drivmedel.

Trots allt det forskningsarbete som genomförts är det svårt att utveckla hållbara och förnybara bränslen som kan produceras i tillräckligt stor omfattning[36].

De förnybara bränslen måste tillverkas från råvaror som finns i tillräckliga mängder och inte konkurrerar med exempelvis matproduktion. Idag finns det inte tillräckligt med råvara för att kunna byta ut den globala användningen av fossila drivmedel.

De nya tekniker som under utveckling är lovande men innan de kan leverera stora volymer till marknaden återstår fortfarande en hel del arbete.

Produktionskedjan måste totalt sett också innebära en verklig miljövinst när det gäller utsläpp av koldioxid och andra skadliga ämnen.

Bensinalternativ

E85

Drivmedel bestående av ca 85 volymprocent etanol och resterande andel bensin. E85 kan användas som bränsle i fordon med en så kallad bränsleflexibel motor.

I Sverige används etanol både som låginblandning med upp till 5 procent i 95-oktanig bensin och i etanolbränslet E85. I E85 varierar etanolhalten mellan 85 procent under sommaren och ca 75 procent vintertid p.g.a. de låga temperaturerna vintertid.

De "*etanolbilar*" som hittills har sålts i Sverige har vanliga bensinmotorer och därför inte är anpassade till etanol.[37]

Syntetisk bensin

Att framställa syntetiska bränslen från koldioxid och vatten kanske låter som en utopi, men tekniken används framgångsrikt redan idag, till exempel på Island.

Forskare på Chalmers framställer syntetisk bensin skapad av koldioxid, vatten och el – som ett komplement till andra fossilfria bränslen.

- *Med infångad fossilfri koldioxid och förnybar el blir bränslet inte bara fossilfritt utan också användbart i existerande diesel och bensinfordon,* säger Maria Grahn, som forskar om elektrobränslens möjliga potential och konkurrenskraft på Chalmers tekniska högskola.

Biobensin

Biobensin kan tillverkas av träflis. Företag går samman för att utveckla framtidens drivmedel[38]. Sekab, Sveaskog och Preem ska tillsammans arbeta för att ta fram ett högkvalitativt drivmedel helt baserat på skogens resurser.

Råvaran vid tillverkningen baseras på rester från skogsindustrin, till exempel sågspån och grot. Även halm skulle kunna vara en intressant råvara. Bioråvaran omvandlas till sockerarter, som i sin tur omvandlas till iso-oktan.

Iso-oktan används redan idag för att höja oktantalet i bensindrivna fordon. Biobensin kan tillverkas av träflis[39].

Man söker utveckla tillverkning av biobaserade bensinkomponenter, vilket skulle kunna användas i dagens motorer utan någon teknisk förändring. Råvaran vid tillverkningen baseras på rester från skogsindustrin, till exempel sågspån och grot, men även halm skulle kunna vara en intressant råvara. Bioråvaran omvandlas till sockerarter, som i sin tur omvandlas till iso-oktan.

Audi har visat hur man kan producera syntetisk bensin från socker. Men det finns också andra, lovande bränslen[40].

Solbensinen är dessutom koldioxidneutral, eftersom det CO_2-utsläpp som sker vid förbränningen av bensinen motsvarar den mängd växthusgas, som avlägsnas från atmosfären för att utfodra bakterierna i solcellerna

Professorn bakom grön bensin[41]
Jyri-Pekka Mikkola, professor vid Kemiska institutionen vid Umeå universitet, mannen bakom framställningen av fossilfri grön bensin, beskriver tekniken.

- *För tio år sedan bestämde jag mig för att förändra världen,* säger Jyri-Pekka Mikkola, professor vid Kemiska institutionen vid Umeå universitet.

Processen utgör en blandning av vatten och socker tillsammans med jordbruksavfall, skogsrester eller annat avfall. Detta jäses till en alkohol, till exempel etanol. I nästa steg framställs bensin ur etanolen.

- *Det är en helt disruptiv teknik eftersom den går att använda utifrån nästan vilken biomassa som helst, bara det finns socker. Det kan handla om sågspån, jordbruksavfall, matrester, skogsrester eller vad som helst.*

Bioolja från skogen[42]

Bioolja är en olja som framställs ur råvaror och restprodukter från växtriket, med ursprung från bland annat solros, raps, soja, barr- och lövträd.

Med modern teknik är det fullt möjligt att tanka bilen med sågspån.

Biooljan är mörkbrun och doften av tjära påminner om rökerier och sjöbodar.

Pyrolysoljan kan tillverkas vid ett sågverk. Att omvandla den till bioolja är ett steg för ökad hållbarhet. När spånet hettas upp till hög temperatur utan syre sker en omvandling från fast till flytande form. Det bildas en flytande tjära, pyrolysolja, som sen förfinas ytterligare.

Biooljan kan vi använda istället för fossil olja och kan även användas i värmepannor i energibranschen och inom industrin.

Den kan också förädlas till biodrivmedel, vilket blir ett steg mot en fossilfri transportsektor.
- *Ser vi till övriga träindustrier i Sverige finns det underlag för ett flertal pyrolysoljeanläggningar. Man ska också komma ihåg att bioolja bara är en*

av alla nya produkter vi i skogsindustrin kan utveckla. Det finns mycket mer att hämta i värdekedjan som ännu är oupptäckta områden, säger Pontus Pontus Friberg, Enterprise Risk Manager på Setra.

Sågspån är något som eldas och används som värmeenergi. Genom att omvandla sågspånen till bioolja tas ett stort kliv framåt i hållbarhetskedjan.

Cirka 80 000-90 000 ton sågspån kan användas i pyrolysprocessen, vilket ger en biooljeproduktion på cirka 25.000-30 000 ton, som motsvarar 15 000-20 000 personbilars årliga förbrukning av fordonsbränslen.

Biomassa till biobränsle[43]
Genom att använda grön katalytisk teknik har vår forskare hittat ett sätt att omvandla Biomassa (t.ex. lignin och cellulosa) till biobränslen. Vår process använder inget tryck och låga temperaturer, vilket gör vår innovationen mycket kostnadseffektiv.

Dieselalternativ

ED95
Etanolbaserat drivmedel för anpassade dieselmotorer. Används i tunga lastbilar och bussar.

Biodiesel

Biodiesel, varav den vanligaste är RME (rapsmetyleter) som görs av rapsolja och andra estrar från vegetabiliska oljor (går även under samlingsnamnet FAME). Här ingår också HVO (hydrerad vegetabilisk olja) som är FAME som processats till en kopia av dieselolja[44,45].

Biodiesel liknar fossil dieselolja, men som inte består av petroleumprodukter. Biodiesel består i stället av långa kedjor av alkylestrar såsom metyl-, propyl- eller etylestrar. Bränslet framställs genom omförestring eller förestring av vegetabiliska oljor eller animaliska fetter (talg), eller dess fettsyror och kan användas (ensamt, eller blandat med konventionell dieselolja) som bränsle i dieselmotorer.

Biodiesel/HVO

HVO (Hydrerad Vegetabilisk Olja) och är ett enkelt, klimatsmart och ekonomiskt alternativ till fossil diesel. Neste MY:s förnybara diesel tillverkas av 100 procent förnybara råvaror, som växt- och djurfetter, som inte släpper ut någon ny koldioxid i atmosfären. Palmolja används inte som råvara i Sverige[46].

HVO används främst i stället för diesel. De flesta fordonstillverkare accepterar HVO i sina dieselmotorer.

Bristen på råvara är den största begränsande faktorn. Tillverkningen sker med hjälp av vegetabiliska oljeråvaror. Preem använder sig av tallolja som är en bioprodukt från massabruk, men de har snart använt all tallolja i regionen.

Finlands största HVO-producent använder sig av restoljor, men importerar också en restprodukt från palmoljetillverkning. Mycket av HVO:t är tillverkat med palmolja, vilket är problematiskt ur miljösynpunkt. Intresset för HVO är så stort att råvarorna inte räcker till.

Preem Evolution Diesel
Preem har smygstartat med att presentera Preem Evolution Diesel, som minskar koldioxidutsläpp rejält. Den är tillverkad av tallolja, en restprodukt från den svenska skogen.

Dessutom fungerar den perfekt i alla dieselmotorer. Idag består Preem Evolution Diesel Plus av minst 50 procent förnybar råvara. Detta är ett första steg, men drivmedlet är fortfarande fossilt eftersom diesel ingår i blandningen. ACP Diesel innehåller en rengörande tillsats (ACP) som motverkar uppbyggnad av beläggningar i insprutningssystemet. ACP Diesel är lämplig både för lätta och tunga dieselmotorer, såväl gamla som nya. ACP Diesel utan

RME används främst i fartyg och till reservkraft och andra tillämpningar där lagringstiden ofta är längre.

Färgad diesel är lågskattad och får enbart användas för stationära dieselmotorer, fartyg i kommersiell drift och lok. För all övrig användning gäller blank diesel (ofärgad).

Lagring av all diesel skall ske i för lagring godkända cisterner. Ljusgenomsläppliga cisterner skall ej användas för att säkerställa att produktkvaliteten ej försämras. Vid lagring av dieselbränsle är det viktigt att utföra regelbunden vattenkontroll i cistern för att minska risk för tillväxt av mikroorganismer. Lagringstiden för dieselbränsle bör inte vara längre än 2 år.

Några andra alternativ

Dimetyleter

Dimetyleter, som förkortas DME, är en gas som kan användas som bränsle i dieselmotorer. Det ger låga utsläpp, och om bränslet är tillverkat av förnybara källor, t ex biogas eller svartlut från pappersmassaindustrin, är det även bra ur klimatsynpunkt. DME kan dock även komma att tillverkas av kol, vilket skulle kunna utöka och förlänga användningen av fossila bränslen för transporter avsevärt.

Dimetyletern liknar diesel, men är trycksatt. Det gör att

det krävas helt nya fordon för att tanka med dimetyletern. I dag sker en stor del av tillverkningen på naturgas, men det kan bli aktuellt att använda skogsråvara i stället.

Om det går att miljöanpassa befintliga dieselfordon så att de kan tankas med dimetyletern finns potential, annars lär HVO och RME bli för tuffa konkurrenter.

Drivmedel från lignin
Kan sulfatkokets avlut vara en källa för framställa ett drivmedel till våra bilar?[47]

"Trädens klister", lignin, kan omvandlas till molekyler som likna bensin och diesel. Det finns en potential motsvarande runt 20 procent av allt bilbränsle som kan komma från skogsråvara.

Christian Hulteberg är docent vid institutionen för kemiteknik på Lunds universitet har lett ett forskningsprojekt.

- *Ligninet har en kemisk struktur som liknar bensinens och vi insåg att om man kunde dela ligninet i mindre bitar så skulle det gå att använda som fordonsbränsle*, berättar han.

Tanken är att det nya biodrivmedlet ska utvinnas ur de rester som inte används vid framställningen av pappersmassa.

Christian Hulteberg berättar hur processen går till.
- *Träd från den svenska skogen kommer in i ett pappersbruk. Där får vi ut svartlut som är svart på grund av ligninet, och sen skiljer vi av ligninet från andra kokkemikalier och komponenter. Därefter renar vi det från salter som inte får komma in i ett raffinaderi, och sedan omvandlas ligninet i en speciell process till bensin och diesel,* säger Hulterberg, som framhåller att det handlar om ett bättre utnyttjande av den skog som ändå fälls och används i massaindustrin.

Ligninbränsle kan blandas med vanlig bensin och diesel. Det kommer inte krävas några nya bilar, motorer eller tankstationer.

Bioolja från skogen[48]

Bioolja är en olja som framställs ur råvaror och restprodukter från växtriket, med ursprung från bland annat solros, raps, soja, barr och lövträd.

Med modern teknik är det fullt möjligt att tanka bilen med sågspån.

Pyrolysoljan kan tillverkas vid ett sågverk. Att omvandla den till bioolja är ett steg för ökad hållbarhet. När spånet hettas upp till hög temperatur utan syre sker en omvandling från fast till flytande form. Det bildas en flytande tjära, pyrolysolja, som sen förfinas ytterligare.

Biooljan kan vi använda istället för fossil olja och kan även användas i värmepannor i energibranschen och inom industrin.

Den kan också förädlas till biodrivmedel, vilket blir ett steg mot en fossilfri transportsektor.

- *Ser vi till övriga träindustrier i Sverige finns det underlag för ett flertal pyrolysoljeanläggningar. Man ska också komma ihåg att biooja bara är en av alla nya produkter vi i skogsindustrin kan utveckla. Det finns mycket mer att hämta i värdekedjan som ännu är oupptäckta områden*, säger Pontus Pontus Friberg, Enterprise Risk Manager på Setra.

Sågspån är något som eldas och används som värmeenergi.

Cirka 80 000-90 000 ton sågspån kan användas i pyrolysprocessen, vilket ger en biooljeproduktion på cirka 25.000-30 000 ton, som motsvarar 15 000-20 000 personbilars årliga förbrukning av fordonsbränsle.

Artificiella lövet gör om koldioxiden till metanol[49]

I ett samarbete med forskare från fyra universitet har man skapat en konstgjord fotosyntes. Luftens koldioxid har omvandlats till metanol. Nu ska forskarna vässa och kommersialisera processen.

I växternas fotosyntes omvandlar atmosfärens koldioxid till syre och druvsocker.

Man behöver röd kopparoxid, som förekommer naturligt i mineralet kuprit, men forskarna har istället framställt det genom en kemisk reaktion där glukos, kopparacetat, natriumhydroxid och natriumdodecylsulfat blandas med vatten och hettas upp till en viss temperatur.

Då bildas ett billigt pulver som har manipulerats för att innehålla så många åttasidiga partiklar som möjligt. Det blandas med vatten och tjänar som katalysator när koldioxid pumpas in och lösningen utsätts för en simulerad sol i form av vitt ljus.

Då bildas syre medan koldioxiden tillsammans med vattnet och pulvret omvandlas till metanol.

Fermentering av biomassa
Här finns en inbyggd konflikt, eftersom råvarugrödorna –

ofta majs eller sockerrör – upptar areal där man annars kunde odla livsmedel. Sockerinnehållet i biomassan kan fermenteras till etanol, som redan används som alternativ i förbränningsmotorer.

Vattenmelonsaft kan bli en av framtidens gröna bränsle[50]. Forskare har lyckats optimera processen och producerade 87 liter etanol från en 0,4 hektar stor åker med vattenmeloner.

Etanol ur havet

Halva svenska etanolbehovet skulle kunna täckas med sjöpungar[51] påstår några forskare i Luleå. Sjöpungar[52] är en klass av påsliknande filtrerare tillhörande manteldjuren (Tunicata). De har ett omslutande skyddshölje, manteln, som till 60 procent består av det cellulosaliknande ämnet, tunicin.

- *Tidiga försök som vi har gjort visar att 85 procent av ytterhöljets cellulosa går att omvandla till etanol. Det är ett väldigt bra utbyte,* säger Ulrika Rova, professor i biokemisk processteknik vid Luleå tekniska universitet.

En hektar sjöpungsodling kan varje år ge upp till 200 ton cellulosa, som sedan kan omvandlas till etanol. Sverige förbrukar 350 000 kubikmeter etanol som drivmedel.

Forskarnas mål är kunna tillverka 175 000 kubikmeter etanol årligen.

Rötning av biomaterial

Rötning[53] är en naturlig process där organiskt material bryts ner av mikroorganismer i syrefri miljö. Vid rötning bildas

- biogödsel, som är ett utmärkt gödningsmedel
- biogas, som huvudsakligen består av metan och koldioxid - används med stor fördel som fordonsbränsle. Andra användningsområden är el- och värmeproduktion.

Man kan använda många olika typer av organiska material för rötning - till exempel slam från avloppsreningsverk, matavfall, gödsel, olika växtmaterial och processvatten från livsmedelsindustrin.

Termisk förgasning

Den termiska förgasningen sker genom kontrollerad upphettning av olika träråvaror och kolhaltiga avfall. Vid upphettningen bryts bränslets kolväteföreningar ner till främst kolmonoxid och vätgas (syntesgas)[54].

Syntesgasen kan sedan användas som utgångspunkt för vidare framställning av en rad olika bränslen, bl.a. biogas som framställs genom metanisering av syntesgasen. Med rätt kvalitet kan biogasen ersätta naturgas i praktiskt taget samtliga tillämpningar.

Modern kolmila

Trädgårdsavfallet, grenar och rötter från skogen får en ny roll. Kvistar och grenar omvandlas till biokol. Samtidigt innebär tekniken att koldioxid binds i marken i hundratals år[55].

Tekniken bygger på kolmilornas urgamla metod att framställa träkol. Men här har den fått en modern tappning. Maskinen matar automatiskt in flisen i reaktorn och fyller det färdiga biokolet i säckar. Finfördelat flis från grenar och kvistar matas in i en syrefattig reaktor där det förkolnar i en så kallad pyrolysprocess.

Benämningen biokol är relativt ny. Den används för att skilja produkten från träkol, eftersom biokol dels kan framställas från annat material än trä.

Syntetisk diesel[56]

Syntetiskt dieselbränsle (ofta kallad FT-diesel) består av syntetiskt mättade kolväten och kan blandas med vanlig dieselolja[57].

Syntetisk diesel framställs oftast med Fischer-Tropschprocessen. Processen arbetades fram i början av 1920-talet av den tyske kemisten Frans Fischer och hans tjeckiska kollega Hans Tropsch. Tekniken att förgasa biomassa till syntesgas befinner sig ännu på utvecklingsstadiet.

Syntetiska dieselbränslen kan också framställas på andra sätt än genom förgasning och Fischer-Tropsch-syntes. Det finska oljebolaget Neste tillverkar till exempel BTL (biomass to liquid) genom att raffinera växt- och djurfetter. Metoden kallas NExBTL.

Nya bränslet e-diesel

Audi kommer att vara med och starta en pilotfabrik där man ska ta fram e-diesel[58]. 2018 tog Audi fram ett nytt drivmedel kallat e-diesel.

Tyska tillverkaren Audi har i flera år forskat kring mer klimatvänliga drivmedel som går att använda i den traditionella förbränningsmotorn.

I början av 2018 byggdes en ny produktionsanläggning i Schweiz där man framställer en syntetisk koldioxidbaserad diesel.

Så här gör man:

- Vattenkraftverket används för att separera väte och syre i vatten i en elektrolys.
- Därefter reagerar vätet med koldioxid genom att använda en *"innovativ och väldigt kompakt mikroprocessteknologi"*.
- Koldioxiden ämnar man hämta från atmosfären eller från biogas – och tillverkaren påstår att det är den enda kol som behövs i ekvationen.
- Den icke beskrivna mikroprocessteknologin gör att man kan forma långa kolvätekedjor.
- I sista steget så bryts dessa isär för att skapa slutprodukten e-diesel, samt ett vax som man kan använda inom andra områden.

Bränsle ur sol och vatten[59]

Det skulle kunna vara en dröm att tillverka ett bränsle utifrån bara vatten och solljus. Att vatten genom elektrolys kan splittras upp till knallgas (H_2 och O_2) minns många säkert från kemilektionen. Vätgas innehåller mycket energi och skulle kunna vara ett utmärkt, miljövänligt bränsle i många sammanhang. Avdelningen för Kemisk Fysik på Chalmers försöker göra precis detta.

- *Systemet fungerar redan på laboratoriestadiet. Utmaningen är att konstruera resurssnåla och billiga lösningar*, säger Igor Zoric, professor vid Chalmers.

Framtidsvision

I en rapport från Uppsala universitet[60] visas att de nordiska länderna skulle kunna klara elförsörjningen med enbart förnyelsebar energi.

Det problem, som många påtalar är att vi har stora variationer i såväl eltillgången och elproduktionen. Exempelvis kan solenergin ge stora bidrag sommartid, men då är elförbrukningen som lägst. Detta ställer stora krav på till flexibel lagring av el.

- *Men vår studie visar att det inte behöver vara något stort problem. Det handlar bland annat om att hitta en bra mix av energikällor,* säger Jon Olauson, forskare vid Uppsala universitet.
- *Med uteslutande vind-, sol- vatten-, våg- och tidvattenkraft blir vi mer beroende av naturen och väderförhållandena. Om det blir låga vindhastigheter ett par veckor ger inte vind- och vågkraft den elektricitet som behövs,* fortsätter säger Jon Olauson.

Det internationella målet för lönsam solcellsenergi har bedömts till 35 procent.

Forskarna har inte enbart kommit extremt nära effektivitetsmålet. Dessutom är deras nya solceller mycket mindre, så att mer energi kan produceras på samma yta. Det ryms nästan 30 av de nya solcellerna på samma yta som en enda av de tidigare effektivaste. Det gör solenergi mycket billigare!

Så här går det till:
- Först delar en solcell vattenmolekyler i syre och väte.
- En ny sorts solcell får syre och väte att sippra upp direkt från ytan – med solljus som energikälla.
- Vätet skickas vidare till den andra delen av cellen, där bakterier spjälkar upp tillsatt koldioxid i syre och kol.
- Syret stängs ute i luften, medan kolet förenas med vätet i så kallade kolkedjor. Bakterierna är genmodifierade, så att de framställer kedjorna som flytande bränsle – solbensin.

Dessutom är denna teknik CO_2-neutral. CO_2-utsläpp som sker vid förbränningen av bensinen motsvarar den mängd växthusgas, som avlägsnas från atmosfären för att fodra bakterierna i solcellerna.

Detta kan bli en outtömlig energikälla, som kan fortsätta att producera solbensin i åratal.

Kärnkraft

Framtidens kärnkraft kan bli det som kallas fjärde generationens kärnkraft (Gen IV) [61].

Denna har några fördelar:

- Den utnyttjar energin i bränslet uran mycket bättre.
- Kan använda dagens kärnavfall som bränsle.
- Jämfört med förnybar energi, är den inte beroende av vädret för att producera el.
- Enklare att styra så att elen produceras samtidigt som konsumenterna behöver den.

Nackdelar:

- Olycksrisken finns kvar, även om den är betydligt mindre.
- Radioaktivt avfall bildas som måste förvaras säkert i 500-1000 år.

Det är osäkert om tekniken kommer att bli tillräckligt billig, och redo för stor uppskalning, för att kunna ersätta fossila bränslen. Färdigutvecklad tidigast år 2040.

Fusionskraft

Fusion är energikällan som får solen att lysa. Fusion bygger precis som kärnkraft på en kärnreaktion, men här utvinns energi genom att två lätta atomkärnor slås samman i hög hastighet.

Fördelen med fusionskraft
- Nästan obegränsade mängder energi under en lång tid framöver.
- Inte heller samma risker som dagens kärnkraft som bygger på fission.
- Det bildas inte lika mycket radioaktiva restprodukter.
- Det finns ingen risk att en härdsmälta kan uppstå.

Nackdelar:
- Det krävs väldigt höga temperaturer för att få processen att fungera - ungefär hundra miljoner grader.
- Kräver stora mängder energi in i processen.
- Ställer stora krav på materialen.

Än så länge har forskarna inte lyckats få ut mer energi än de stoppat in i någon fusionsreaktor.

Hur är dagsläget?[62]

Det är en kapplöpning med tiden för att utveckla nya

energikällor innan växthusgaserna fått för stora effekter på vårt klimat.

Sverige ska vara självförsörjning 2040 med förnybara energikällor. 2015 kom 64,3 procent av den totala elproduktionen i Sverige från förnybara energikällor och redan 2040 har Sverige som mål att enbart använda sig av förnybar energi.

Några länder:

Danmark

2015 kom 60,4 procent av Danmarks elektricitet från förnybara energikällor. Av detta kom 42,7 procent från vindkraftverk. Är världsledande inom vindkraft.

Norge

Hela 97,9 procent av elförbrukning försörjs genom vattenkraft. Är Europas största producent av vattenkraft.

Tyskland

Nyttjar solens strålar som få. Det är bara Kina som klår dem, som faktiskt innehar dryg 70 procent av jordens samtliga solcellsinstallationer. Har över 1,5 miljoner solcellsanläggningar, allt från små installationer på villatak till gigantiska solcellsparker. 2014 producerades energi som räckte till 6,9 procent av Tysklands totala energiförbrukning.

Initiativet Fossilfritt Sverige

Regeringen mål är att Sverige ska bli ett av världens första fossilfria välfärdsländer. Därför måste alla aktörer i samhället arbeta aktivt med att minska utsläppen. Regeringen lanserade **Initiativet Fossilfritt Sverige** hösten 2015 inför klimatmötet COP21 i Paris. Initiativet bidrar till att öka takten i arbetet med att nå miljökvalitetsmålet Begränsad klimatpåverkan.

Initiativet ska skapa en plattform för dialog om klimatpolitiken mellan regeringen och aktörerna. Det finns bland aktörerna som anslutit sig till initiativet ett stort engagemang, höga ambitioner och en stor enighet om att Sverige kan bli fossilfritt, men mycket arbete kvarstår.

Energilagring

Elbilars batterier påverkar klimatet kraftigt[63]

Tillverkningen av elbilsbatterier påverkar klimatet. Att tillverka ett endaste elbilsbatteri motsvarar många tusentals mils körning med en bensin- eller dieselbil.

Det är troligt att elbilar är en del av framtiden. När de används så är en av fördelarna att avgaser saknas och därmed klimatpåverkan.

Laddar man batterierna med klimatsmart elektricitet blir helheten bättre.

IVL Svenska Miljöinstitutet har för Energimyndighetens och Trafikverkets räkning utrett och kommit fram till att batteritillverkningen är så pass energikrävande att elbilens klimatnytta delvis försvinner.

Enligt en sammanställning släpps det i genomsnitt ut 150 till 200 kilo koldioxidekvivalenter per tillverkad kilowattimme batteri för lätta elbilar (t ex personbilar).

För en elbil med ett batteri på 30 kWh innebär det mellan 4,5 och 6 ton koldioxidutsläpp vid enbart tillverkningen av batteriet. För en elbil med ett batteri på 100 kWh betyder det att mellan 15 och 20 ton koldioxid släpps ut under tillverkningsprocessen.

En **Mercedes E 220 d (diesel)** släpper ut 102 gram koldioxid per kilometer vilket innebär att den vid blandad körning kan färdas mellan 14 706 och 19 608 mil för att nå upp till de 15-20 ton som elbilens batteri kräver vid till verkningsprocessen.

En **Mercedes E 200 (bensin)** släpper ut 140 gram per kilometer. Det betyder att den kan köras mellan 10 714 och 14 286 mil för att nå upp till 15-20 ton koldioxid.

Till och med värstingen i E-klassfamiljen, **Mercedes-AMG E 63 S 4Matic+** (bensinbil med 612 hk), kan köras många tusen mil innan den når upp till koldioxidnivåerna som krävs för att tillverka ett 100 kWh-batteri. Med 199 gram per kilometer blir det mellan 7 538 och 10 050 mil.

Elbilarnas batterier – så påverkar de miljön[64]

Nu är det litiumbatteri som används. Ämnet engagerar och grunden till både batteri och diskussion är litiumet.

Exakt vilken sorts batterier som kommer dominera längre fram i tiden återstår att se men just nu och en bra tid framöver är det litiumbatterier som gäller för elbilsmarknaden.

Vad är litium?

Litium är det tredje lättaste grundämnet och hör till alkalimetaller. Ämnet en silvervit, smidig metall.

Var finns litium?

Litium finns i jordskorpan och nya fyndigheter hittas med

jämna mellanrum. De största "källorna" har hittats i Australien och Sydamerika. Men fyndigheter finns även i USA, Kina, Zimbabwe och Portugal.

I Sverige letas det litium (bland annat utanför Sundsvall) och ansökningar om prospektering och provborrning har lämnats in.

Hur mycket litium finns det?

Eftersom det hittas nya litiumfyndigheter så siffran över hur mycket litium det finns i världen är en gissning. Men den amerikanska regeringen beräknar den totala siffran till cirka 39 miljoner ton.

Hur länge räcker världens litium?

Deutsche Bank skriver i en rapport att de kända tillgångarna av litium är tillräckliga för att täcka behovet i 600 år och räcker till även när behovet ökar extremt mycket.

- *Vi förutspår att efterfrågan på litium tredubblas de närmaste tio åren. Och även då kommer de globala tillgångarna räcka i minst 185 år*, säger Deutsche Bank.

Hur utvinns litium?

I Sydamerika pumpas minerallösningar upp ur saltöknens underliggande skikt för att sedan torkas. Saltet som blir kvar processas med kemikalier och från det utvinns litiumkarbonat, kalium, borsyra och magnesium.

Lagra solenergi i flytande form[65]

Metoden att lagra energi har testats ihop med solfångare. Norbornadien passerar genom en kanal ovanpå solfångaren och omvandlas till den energirika isomeren quadricyclan, som kan lagra energi under lång tid. Samtidigt värmer solfångaren upp vatten. Energin kan transporteras och sedan frigöras som värme när den behövs.

Några forskare vid Chalmers arbetar med denna nya metod för att lagra solenergi. De har lyckats gör det möjligt att omvandla solenergi till kemisk energi som lagras i vätska. Energin går då att både transportera och spara.

När energin ska användas tillsätts en katalysator. Då blir processen omvänd och värme frigörs.

Verkningsgraden för denna process med Norbornadien, som är en vätska, har testats ihop med solfångare som värmer vatten. 80 procent av solenergin som nådde solfångaren tas till vara.

- *Dock lagras bara 1,1 procent av energin i molekylsystemet och 78,9 procent i varmvattnet*, säger Kasper Moth-Poulsen.

I forskningsprojektet försöker man nu utveckla det vidare. De har gått från 0,01 procent till 1,1 procent på fyra år.

När värmen frigörs går norbornadienmolekylen tillbaka till sin ursprungliga form. Därmed kan vätskan återanvändas fler gånger.

Framtidens energi[66]

Varifrån kommer vi att få vår energi i framtiden? Värme finns magasinerad i Jordens inre, människokroppen och världshaven. Vad vi vet säkert är att fossila bränslen som kol, olja och naturgas tillhör det förflutna.

Världens energiförbrukning har ökat med mer än 50 procent de senaste 20 åren – och utvecklingen fortsätter.

Vi 7 miljarder människor förbrukar en energimängd som motsvarar mer än 14 miljarder ton olja om året. Över 80 procent produceras fortfarande genom förbränning av kol, olja och naturgas.

Vi förbrukar i snabb takt de fossila bränslen som naturen har haft flera miljoner på sig att bilda.

Energibolaget BP har beräknat att jorden fortfarande innehåller tillräckligt mycket kol för att täcka världens nuvarande förbrukning i 153 år, medan de kända oljereserverna räcker i 50 år.

Vi måste hitta nya energikällor, som inte tar slut och kan se till att det fortfarande kommer ljus i glödlampan när vi trycker på strömbrytaren om 100 år. Vad har forskningen att föreslå?

Vindkraftverken har växtvärk

Sedan 1980-talet har vi sett vindkraftverken att byggas i landskapet. Dessa var 15 meter och hade 55 kilowatts effekt, vilket innebar att de med en timmes optimal vind kunde producera el så att det räckte till att en kaffebryggare kunde stå på i tio minuter om dagen i ett år.

Sommaren 2019 byggdes världens hittills största vindkraftverk i Rotterdam. Topphöjden är 260 meter och vingspann är större än Kaknästornets höjd och produktionen 12MW-snurran[67].

Ett varv av rotorn producerar el så att det täcker en familjs dygnsförbrukning.

Vindkraft täcker idag cirka tre procent av världens elförbrukning, men beräknas år 2050 ha vuxit till 33 procent.

Till havs kan man bygga enorma vindkraftsparker, som kan utnyttja de ihållande vindarna där. På land störs människor av vindkraftverkens buller.

Solceller

Solceller är världens snabbast växande energiteknik. Man ser en del solcellsanläggningar i naturen men även på hustaken.

Man kan nu använda takplattor, fönster och tegelstenar som fungerar som solceller och som kan täcka hela huset.

Med en lokal energiproduktion måste man utveckla lagringsmetoder. Solen skiner inte när vi mest behöver el. Kombination med ett stort batteri kan solcellerna förse ett helt hushåll med energi.

Tidvattnet kan bli användbart i områden där tidvattnet medför stora nivåer för flod och ebb. En 11,5 kvadratkilometer stor damm i kombination med 16 turbiner ska göra brittiska Swansea Bay till ett kraftverk.

I Wales vid Cardiff-projektet byggs en 22 kilometer lång vågbrytaren med 90 turbiner på 20 MW vardera. Det blir en effekt på 1 800 MW, fullt i klass med dagens största planerade kärnkraftverk[68].

För Cardiff-projektet talar man om en investeringskostnad per producerad MWh el på 90-95 pund, vilket motsvarar drygt 1 000 svenska kronor. Enligt konsultfirman Pöyry, är det billigare än ny kärnkraft och ny vindkraft till havs, men dyrare än ny vindkraft på land.

Geotermisk energi

Jordens inre är stekhett. Geotermiska anläggningar är vanliga på Island. För varje kilometer ned under markytan blir det 25 grader varmare.

Geotermisk energi är energi som är lagrad i jordskorpan. Den geotermiska energin har sitt ursprung i den energin som bildades vid jordens formation och från sönderfall av radioaktiva grundämnen i jordskorpan.

2007 uppskattades den totala produktionen av geotermisk elenergi i världen till 10 GW, vilket motsvarade 0,3 % av den totala elproduktionen. Till det kommer ytterligare 28 GW direkt geotermisk energi i form av fjärrvärme, byggnadsuppvärmning, spaanläggningar, industriprocesser, avsaltning och jordbruk.

Passagerare värmer upp byggnad

250 000 personer passerar varje dygn genom Stockholms centralstation. Varje person utstrålar värme som leds ut via ventilationssystemet, som är kopplat till en värmeväxlare. Denna värme överförs till vatten, som leds in i värmeanläggningen på en 13 våningar hög kontorsbyggnad vid stationen. Systemet gör att uppvärmningen av byggnaden blir 20 procent billigare. Kroppsvärme driver bara ett fåtal system i världen.

Metoden är billig och värmen från resenärerna tas till vara och används i stället för att ventileras ut och gå till spillo.

Produktionen måste kompletteras med annan uppvärmning.

Buller tänder gatlyktorna

En skyskrapas ytterväggar kläds med 84 000 flimmerhår som omvandlar ljudvågornas rörelser i luften till el och omvandla ljudvågorna till el. Ljudet av bildäcken som rullar fram över asfalten är öronbedövande, men bullret innebär bara fördelar för byggnaden.

Potentialen för en hårig byggnad som byggs vid en hårt trafikerad motorväg eller mitt i en bullrig storstad kan oljudet från omgivningarna omvandlas till 150 megawatts effekt, vilket motsvarar kapaciteten hos 20 av dagens största vindkraftverk.

Byggnaden finns än så länge bara på ingenjörernas ritbord. Elproducerande skyskrapor kan utan problem byggas i storstäder, till skillnad från jättelika vindkraftsparker.

Byggnaden måste stå på en plats med mycket buller och måste därför ljudisoleras mer för att människor ska kunna vistas i den.

Vätesamhället

En framtidsvision är ett samhälle som drivs av väte. Dagens fossila samhälle drivs huvudsakligen av olja, kol och gas, men i framtiden kommer vi att få vår energi från väte.

Men energikällor som är beroende av väderleken blir instabil.

När det blåser och solen skiner från en molnfri himmel producerar vindkraftverk och solceller betydligt mer ström än samhället förbrukar.

Islands primära energikälla

På Island får nio av tio hushåll värme från jorden. Det kan islänningarna tacka sina vulkaner för. Den vulkaniska aktiviteten innebär nämligen att jordens glödande inre ligger närmare jordytan än normalt. Det kan man utnyttja i geotermiska anläggningar[69].

På Island använder man både geotermisk energi för uppvärmning av hus och för produktion av elektricitet. Och då har man långt ifrån utnyttjat all den värme som finns i landets underjord. Man räknar med att det i jordens inre finns tillräckligt med energi för att täcka världens årliga energiförbrukning 35 miljarder gånger, om man kunde få tag i den. Men det kan man inte. Men det finns ändå massor av energi som kan utnyttjas.

Nu kommer den smarta trottoaren

Man utnyttjar människornas rörelse till att producera el. Ett företag som nu gör verklighet av idén är Pavegen, som har skapat mjuka plattor som kan användas som gatubeläggning och som genererar energi när man går på dem[70].

Man har skapat mjuka plattor som kan användas som gatubeläggning och som genererar energi när man går på dem.

Det största projektet är ett kvarter i Washington där 10.000 fotgängare dagligen kommer att bidra till elförsörjningen i kvarteret genom att gå på Pavegen-plattor.

- *När du går på plattan så konverteras den rörelseenergin från varje steg du tar till elektricitet. En person som går på en platta producerar 5 W. Det är inte så mycket men om du installerar plattorna i ett shoppingcenter eller på en shoppinggata där det kanske går flera tusen människor under en dag så blir det ganska mycket energi som alstras,* säger Henry Holmes.

Elen uppstår när det mekaniska trycket på plattorna bildar ett elektriskt fält i det piezo elektriska materialet och skapar en ström av elektroner genom generatorerna.

Kärnkraft skrotar uran

Torium kan vara framtidens kärnbränsle. Grundämnet torium kan komma att driva framtidens kärnkraftverk.

Vid en forskargrupp i Holland inleddes försök med en reaktor som drivs av enbart torium. I reaktorn omvandlas ämnet till klyvbart uran-233 genom bestrålning av neutroner.

När processen har startats producerar kärnklyvningar i uranet nya neutroner som omvandlar alltmer torium, tills ämnet praktiskt taget är helt förbränt.

Som en jämförelse använder dagens kärnkraft bara några få procent av det klyvbara uranet i bränslet. Torium är i dag ett komplement till uran i kärnkraftverk i Indien.

I framtiden kommer kraftverken att kunna utnyttja nästan all energi i toriumet. Även denna metod skapar radioaktivt avfall, fast i betydligt mindre mängder än dagens kärnkraft.

Fusionsreaktor

Metoden utnyttjar tungt väte i havsvatten och kan ge närmast oändliga mängder energi. År 2025 är första fusionsreaktorn klar.

Att värma upp ditt hus

Även till uppvärmning av våra lokaler och hem använder vi energi. Tidigare fanns det en oljeeldad panna i varje hus, men hur ska vi ha det i framtiden? Vi måste lämna den fossilbaserade energin. Expressen har skrivit om detta och nedanstående är ett kortfattat referat av den artikeln[71].

Direktverkande el

I början av 70-talet valde många direktverkande el. Världen drabbades av oljekris och elen var billig. Det krävdes bara eluttag i rummen för att installera elementen.

Men elpriserna har stigit och idag räknas inte detta som kostnadseffektivt.

Framtidsprognos:
- Dålig om inte priset på el skulle falla som en sten, vilket få tror.
- Värmekostnad per år för en normalvilla: Cirka 20 000 kronor om året.

Fördelar:
- Låga investeringskostnader.
- Kan vara bra miljöval.
- Inga utsläpp till grannarna.
- Kräver inget jobb av dig.

Nackdelar:
- Dyrt. Helt beroende av elpriserna.
- Kan ge torr luft.
- Svår att bygga om.

Oljeeldad panna

Du har en lagringstank för oljan, en brännare, en varmvattenberedare och radiatorer. Oljan brinner och värmer upp vattnet i varmvattenberedaren. När vattnet är tillräckligt varmt skickas det ut i de vattenburna elementen.

Framtidsprognos:
- Dålig. Att elda med olja betraktas som en dålig idé.
- Kostnad per år för en normalvilla: Cirka 33 000 kronor om året.

Vedeldad panna

En vedpanna fungerar som en oljepanna där oljan ersatts med ved. Veden brinner och värmer vattnet i varmvattenberedaren och pumpas ut i de vattenburna elementen. Röken försvinner ut genom skorstenen. Kräver mer arbete än olja.

En vedpanna kan kompletteras med
- en kakelugn är kanske den vackraste av alla pjäser
- en öppen spis eller kamin fungerar mest som mysvärme.

Det är svårt att spara pengar här.

Framtidsprognos:
- Inte så ljus. Men bättre än att elda med olja.
- Kostnad för vedeldning med vedpanna är 20.000–40 000 kronor om året.

Positivt:
- Miljöneutralt.
- Billigt, om du ordnar veden själv.

Negativt:
- Mycket arbete.
- Kan störa grannarna om du eldar hela tiden.

Pellets

Pellets är hoppressat träavfall, funkar som ved, men är tre gånger så effektivt och kräver mindre arbete.

Man kan bygga om sin oljepannan för pellets men pellets tar rätt mycket plats. Dessutom behöver du tömma pannan från aska en gång i veckan för de billigaste modellerna.

Framtidsprognos:
- Hygglig, bra ersättning för olja.
- Kostnad för att värma med pellets: 20 000– 40.000 kronor om året.

Positivt:
- Miljöneutralt.
- Du kan bygga om oljepannan.
- Fungerar utan el.

Negativt:
- Kräver arbete och utrymme.

Bergvärme

Bergvärmen är dyrt att skaffa, men lönar sig i längden. Du måste borra djupt – 50-200 meter - för att nå jordvärmen. På det djupet, som alltid är 2–8 grader varmt, oavsett årstid.

För 1 kWh el får du motsvarande 3 kWh värme. Till detta har du en kylskåpsstor bergvärmepump.

Framtidsprognos:
- Bra, men ditt borrhål för inte vara närmare än 20 meter från grannens.
- Kostnad för att värma med bergvärme: Cirka 10.000 kronor om året.

Positivt:
- Låg driftskostnad.
- Underhållsfritt.
- Miljövänligt.

Negativt:
- Dyrt. Räkna med 100 000–200 000 kronor att installera bergvärmeanläggningen. Mer om du inte

har vattenburen värme.
- Kräver el.

Sjövärme
Sjövärme liknar bergvärme men här hämtas värmen från sjöbotten.

Framtidsprognos:
- Bra, om du har en sjö.
- Kostnad för att värma med sjövärme: Cirka 10.000 kronor om året.

Positivt:
- Låg driftskostnad.
- Underhållsfritt.
- Miljövänligt.
- Billigare installation än bergvärme.

Negativt:
- Sjön måste ha jämn botten.
- Större risk att den oskyddade kollektorslangen skadas.

Markvärme
Markvärmen funkar som berg- eller sjövärme men kollektorslangarna läggs en meter ner på din tomt. Du

måste ha cirka 600 kvadratmeter tomt bara för slangarna som hämtar värmen. I övrigt liknar det bergvärme.

Du måste ha vattenburna element.

Installationen är billigare än bergvärme. Värmepumpen kostar runt 100 000 kronor, placering av slangar: 20 000– 35 000 kronor.

Framtidsprognos:
- Bra. om du har en hyggligt stor tomt.
- Kostnad för att värma med markvärme: Cirka 10.000 kronor om året.

Positivt:
- Låg driftskostnad.
- Underhållsfritt.
- Miljövänligt.
- Billigare installation än bergvärme.

Negativt:
- Kräver stor tomt.
- Tomten kommer att grävas upp under installationen.

Grundvattenvärme
Liknar berg- och sjövärme men här hämtas energin från grundvattnet i en brunn. Till skillnad från bergvärme behöver man bara borra ner till grundvattnet.

Värmepumpen kostar runt 100 000 kronor, placering av slangar: 20 000–35 000 kronor.

Framtidsprognos:
- Bra, om vattnet inte sinar.
- Kostnad för att värma med grundvattenvärme: Cirka 10 000 kronor om året.

Positivt:
- Låg driftskostnad.
- Nästan underhållsfritt.
- Miljövänligt.
- Billigare installation än bergvärme.

Negativt:
- Du måste ha el.

Fjärrvärme
Fjärrvärme är något du inte kan välja själv utan du måste bli erbjuden detta. Det förutsätter att ditt hus kan anslutas till ett fjärrvärmenät.

En fjärrvärmeväxlare kostar cirka 35 000 kronor. Att ansluta till fjärrvärmenätet kostar runt 10 000 kronor under pågående rörarbete. 30 000 om allt är klart och de behöver gräva för dig.

Framtidsprognos:
- Stabilt, men utvecklingen är i händerna på andra.
- Kostnad för att värma med fjärrvärme: Cirka 10.000 kronor om året.

Positivt:
- Klimatneutral.
- Nästan inget extra arbete för dig.
- Tar liten plats hemma.

Negativt:
- Inte tillgängligt för alla.

Luftvärmepump
Det här är ett komplement till den med elvärme utan vattenburna element.

Principen är smart. Luftvärmepumpen suger in utomhusluft och tar tillvara på värmen och skickar in den i huset. Den funkar som ett omvänt kylskåp.

Luftvärmepump fungera inte alls under minus 20 grader.

Framtidsprognos:
- Bra, tekniken kan komma att förbättras.

Positivt:
- Enklare och billigare att installera än alternativen.
- Sänker kostnaderna för uppvärming.
- Många luftvärmepumpar kan kyla på sommaren.
- Inga borrhål eller uppgrävda tomter.

Negativt:
- Gör inte hela jobbet. Bara komplement.
- Utomhusfläkten kan vara högljudd.
- Sämre effekt än bergvärmepump.
- Fungerar inte vid mycket låga temperaturer. Då måste huset värmas upp med el.

Solenergi

Solenergi är gratis, miljövänlig och kräver inget underhåll. Tyvärr räcker inte tekniken till dag för att vi skulle bli helt självförsörjande på solkraft. Livslängden på ett solenergisystem är förhållandevis kort: 20–30 år.

Elektrisk spänning skapas när solens strålar träffar solfångarna. Energin kan användas direkt eller lagras i batterier.

Framtidsprognos

- Lysande.
- Forskningen gör stora steg och skapar allt mer effektiva solfångare och batterier. I dag kan du inte vara självförsörjande på solkraft, men kan bli i framtiden.
- Vad kostar det?
  - 10 kvadratmeter solfångare: 40.000–60.000 kronor.
  - Ger cirka 4 000 kWh per år.
  - Ackumulatortank: 15 000 kronor.
  - Solceller (10 kvadratmeter) 40 000–60 000 kronor (1 000 kWh el per år).

Positivt:

- Miljövänligt.
- Gratis solstrålar.
- Kräver inget underhåll.

Negativt:

- Räcker inte för att klara energibehovet.
- Stöldbegärligt.

Vindenergi

Du kan installera ett eget (mindre) system till ditt hus.

Du måste ha bygglov och grannar som accepterar att ditt vindkraftverk låter. Vinden är nyckfull. Blåser det inte så blåser det inte.

Framtidsprognos:
- Bra. Sverige är stort och det blåser friskt på sina ställen. När tekniken förbättras och intresset ökar kan priserna sjunka.
- Vad kostar det? Från 20 000 kronor och uppåt, beroende på hur mycket el eller värme du vill ha.

Positivt:
- Vinden är gratis.
- Miljövänligt.

Negativt:
- Kan störa grannarna.
- Kan döda fåglarna.
- Du kan inte bli självförsörjande

Förnybart väntas växa med 50 procent till 2024

IEA (International Energy Agency) bedömer att den globala produktionen av förnybar el kommer att öka med 50 procent under de närmaste fem åren[72].

Den förnybara andelen av världens totala produktion från dagens 26 procent ökar till 30 procent. Internationella energirådet förutspår att en explosion inom solenergi kommer att vara den drivande kraften.

Dubbelt så många solpaneler på hustaken
Priserna på solpaneler förväntas sjunka med 15–35 procent, och rapporten anser att andelen system monterade på hustak kommer att fördubblas under femårsperioden.

Länderna som leder den här utvecklingen är Australien, Belgien, Nederländerna och Österrike – samt den amerikanska delstaten Kalifornien.

IEA räknar med att landbaserad vindkraft kommer att leverera 25 procent av ökningen, medan havsbaserad vindkraft bara tros stå för 4 procent

På gång i forskarvärlden

Nedanstående är klippta introduktioner på resp. tidningsartikel och avser endast till att väcka nyfikenhet till fördjupande studier, som finns i de angivna länkarna.

Vätgas

Vätgas kan lösa energiproblem

Om framtidens energi i större omfattning ska komma från solceller och vindkraftverk, då behövs ett smart sätt att lagra denna energi. På Chalmers kan man ha hittat en lösning.

Det handlar om hur vi ska ta hand moch lagra överskottselektriciteten från förnybara energikällor som solenergi och vindkraft. Detta är en stor utmaning för forskarna. Över hela världen tittar man på smarta lösningar[73].

Vätgas som tillverkas med tarmbakterier

Uppsalaforskare har presenterat en ny metod att framställa vätgas med hjälp av bakterier. Upptäckten beskrivs av forskarna som ett stort steg mot hållbar vätgastillverkning i framtiden.

Vätgas framhålls av många som en lovande energibärare i framtidens samhälle. Men det är relativt ineffektivt att framställa vätgas ur vatten med hjälp av elektrolys.

Nu har forskare från Uppsala universitet presenterat en ny metod, som bygger på en kombination av syntetisk kemi och syntetisk biologi[74]

Fyrtaktsmotorn utvinner vätgas ur metan
Forskare vid Georgia Institute of Technology har byggt en motor som utvinner vätgas ur metangas. Motorn kan vara ett led i mer miljövänlig användning av naturgas.

Genom att lägga till en katalysator och ett membran som separerar vätet kan den klassiska motorn omvandla metangas till vätgas. Ett material som absorberar koldioxid minskar också utsläppen.

Innovationen skulle kunna användas i vätebränsleceller i hushåll eller fordon, som utvinner sitt bränsle ur naturgas[75].

Så kan billig vätgas produceras
Med en ny katalysator går det att producera vätgas billigt och storskaligt. Det hävdar ett internationellt forskarlag. Vätgas har länge setts som en lovande energibärare när fossila bränslen ska fasas ut. Enorma summor har investerats i att utveckla system för produktion och lagring av vätgas. Men utmaningarna är stora.

Nu har en forskargrupp från Sverige, Finland och Vietnam uppfunnit ett system som verkar lovande. De har tillverkat en katalysator som kan användas för att spjälka vatten till vätgas genom elektrolys[76].

Tyska forskare framställer vätgas på natten med solenergi
Forskarna vill omvandla solens strålar till vätgas. Nu har KTH skapat ett material som gör produktionen billig och effektiv. Den nya tekniken går att göra storskaligt – och upptäckten kan göra bränslecellsbilar konkurrenskraftiga.

Vätgas kan användas för att lagra energitoppar, exempelvis från vindkraftsparker – och bränslecellsfordon har fortfarande många fördelar gentemot elbilar. Det förutsätter dock att vätgasproduktionen görs med grön el, och till ett lågt pris.

Ett sätt att framställa drivmedlet är med hjälp av en katalysator som spjälkar vatten till vätgas genom elektrolys. En stor bromskloss kring tekniken har dock varit att systemet kräver dyra grundämnen som platina, rutenium och iridium. Men nu har forskare på KTH hittat ett alternativ till de dyra platinametallerna – och det är ett betydligt billigare material, bestående av nickel, järn och koppar[77].

Solceller
Bensin gjord av solljus
Den nästan utopiska visionen har blivit verklighet tack

vare så kallade biomimetiska solceller, som använder bakterier till att kopiera växternas fotosyntes. Solcellerna är till och med mer effektiva än växterna[78].

En helt ny typ av ultraeffektiva solceller
Australiska ingenjörer har konstruerat en helt ny typ av ultraeffektiva solceller och i ett slag fört jorden ett stort kliv närmare en framtid med förnybar solenergi. Ett forskarlag vid University of New South Wales i Sydney i Australien har lyckats med något som ingen hade ens hoppats få uppleva de kommande 35 åren. De har konstruerat en helt ny typ av solceller, som spränger alla ramar för effektiv omvandling av okoncentrerat solljus till elektricitet.

Bioenergi, biogas, grön energi

Älgmagen ger svar om morgondagens bränsle
Inom ramen för en internationell forskargrupp studerar KTH-forskarna Henrik Aspeborg och Anders Andersson bakteriefloran i älgens mage som ett steg på vägen mot nya biobränslen. Arbetet är viktigt, anser duon. Ny KTH-forskning om älgens magbakterier ger nämligen en inblick i hur dessa mikroorganismer bryter ned fiberrikt växtmaterial och visar på möjligheter att förbättra hållbara processer för förädling av skogsråvara och även ta

fram helt nya produkter baserade på vad skogen kan ge[79].

Sopor ska ge biogas och biogödsel

Forsbacka Biogasanläggning är ett gott exempel på ett samarbete mellan Högskolan och det omgivande samhället, säger Zhao Wang och Sandra Carlos Pinedo, forskare vid Högskolan i Gävle.

Forsbacka Biogasanläggning - en 45 meter lång reaktor, där vårt matavfall ska omvandlas till biogas som kan driva upp till 2 300 bilar, eller alla Gävles bussar, under ett år. Biogas bildas naturligt när biologiskt material bryts ner och är en förnybar energikälla som ingår i naturens kretslopp. Förutom biogas bildas även biogödsel som för tillbaka näringsämnen till naturen genom att ersätta konstgödning i jordbruket[80].

Ändrad enzym kan ge grön bensin

Forskare på Chalmers har lyckats förändra ett enzym, som hittills har gäckat forskarvärlden. Genombrotten kan bana väg för alternativ till bensin och flygbränsle.

En teknik där det går att tillverka bensin och flygbränsle av biomassa i jästcellsfabriker – det ser en forskargrupp vid Chalmers i Göteborg framför sig.

För att få fram det krävs att jäsprocessen skräddarsys, och här kan enzymet fettsyrasyntas spela en viktig roll. Enzymet producerar i vanliga fall långa fettsyror. Men efter att forskargruppen har lyckats modifiera enzymet kan det i stället producera medellånga fettsyror och metylketoner, som används i bensin och flygbränsle[81].

Mutation ger effektivare etanolproduktion
Forskare vid Chalmers har fått jäst att växa vid högre temperatur än normalt. Hemligheten är en enkel mutation. Upptäckten kan leda till mer effektiv etanolproduktion.

Alla som bakat bröd vet att jästsvamparna dör vid för hög temperatur. Samma sak gäller för industriell etanolproduktion. Tankarna måste därför kylas till 30 grader som är den temperatur där jästcellerna är som bäst på att tillverka etanol.

Om produktionen kunde ske vid högre temperaturen skulle nedkylningskostnaderna minska. Även nedbrytningen av stärkelsen fungerar bättre vid högre temperatur[82].

Bränsleceller

Lignin nytt supergrönt bränsle för bränslecell.
Forskare vid Laboratoriet för organisk elektronik har tagit fram en bränslecell som drivs av billigt lignin, en av de vanligaste biopolymererna som också är en biprodukt vid tillverkning av pappersmassa. Den kemiska energin i bränslecellen omvandlas här till el utan att bilda koldioxid[83].

Batterier

Forskarnas textil är ett bakteriebaserat batteri
Textilen använder bärarens svett för att alstra ström. Människor bär på fler bakterieceller än mänskliga celler i kroppen så blir bakterieceller som drivkälla en möjlig lösning för bärbar elektronik[84].

En ny sorts batterier, som drivs av bakterier utskrivna på ett pappersblad
Amerikanska forskare från State University of New York har utvecklat en ny sorts batterier, som drivs av bakterier utskrivna på ett pappersblad. Bakterierna är frystorkade men lever upp när de tillförs vatten och salt. En ström av elektroner flyter från bakteriernas inre till utsidan av cellväggen, något som batteriet utnyttjar.

Ett pappersbatteri

Tillverkade batteri av alger – nu gör de ett pappersbatteri. Forskare vid Uppsala universitet samarbetar med Billerud Korsnäs för att utveckla energilagring i fiberstrukturer genom att ytbehandla cellulosa från träfibrer med elektriskt ledande polymerer[85].

Det är väldigt uppenbart hur stor påverkan batterier har på hela samhället

Utvecklingen av batterier har förändrat vår tillvaro och lagt grunden för ett trådlöst och fossilfritt samhälle. Nu har det lätta och laddningsbara litiumjonbatteriet hamnat i rampljuset sedan en trio belönats med Nobelpriset i kemi för sin utveckling.

Energimyndighetens expert Greger Ledung gläds åt utnämningen.

- *Det här har vi väntat på ett antal år, jag hoppas att det här kan göra att allmänkunskapen kring litiumjonbatterier blir bättre,* säger han.

Litiumjonbatterier används i dag i allt från mobiltelefoner till bärbara datorer och elbilar. Det kan också lagra stora mängder energi från sol- och vindkraft, och möjliggör ett fossilfritt samhälle.

Grunden till litiumjonbatteriet arbetade en av pristagarna, Stanley Whittingham, med redan under oljekrisen på 1970-talet. Det utmynnade till slut – via John Goodenoughs genombrott 1980 – i att japanen Akira Yoshino skapade det första kommersiellt gångbara litiumjonbatteriet 1985 och som nådde marknaden 1991.

Algbatteriet laddar på 10 sekunder

Det är lätt, billigt och laddar extremt snabbt. Ett nytt polymerbatteri från Uppsala kan driva allt från smarta förpackningar till textiler. Hemligheten ligger i nanostrukturen hos en grönalg.

Vad får du om du blandar cellulosa från alger, ledande polymerer och saltvatten? Svar: ett snabbt lågprisbatteri. Tekniken har utvecklats av en forskargrupp vid Ångströmslaboratoriet i Uppsala. Att ladda upp deras prototyp tar endast 10 sekunder.

- *Vi känner inte till något annat cellulosapolymerbatteri som laddar så snabbt,* säger doktorand Gustav Nyström.

Många forskare runt om i världen försöker utveckla batterier av cellulosa och polymerer. Men de långa laddningstiderna har hittills varit en stötesten. En orsak är att skikten av ledande polymer, där energin lagras, är för tjocka. Då tar det tid att fylla dem med joner när batteriet laddas[86].

Så ska zink-luftbatterier göra mobilen mindre

Zink och luft är nya given för batterijätten Energizer. Batterier med dubblad kapacitet ska fånga konsumentprylstillverkarnas intresse. Men de är inte laddbara.

Tekniken har använts för hörapparater i trettio år. Nu tycker den USA-baserade batteritillverkaren att det är konsumentelektronikens tur.

Vid mässan CES i Las Vegas presenterade företaget en serie zink-luftbatterier tänkt för framtidens flora av sladdlösa prylar, såsom möss, headset eller telefoner.

Energimängden är runt den dubbla jämfört med hos vanliga alkaliska batterier av samma storlek. Och jämfört med laddbara litium-jonbatterier har zink-luftbatterierna fördelen att de inte kräver laddningselektronik, som gör apparater dyrare och större. Driftstiden sägs bli upp till tre gånger längre jämfört med alkaliska batterier eller litiumjonbatterier[87].

Energi
Stickade muskler ger kläderna kraft
Kläder med muskler skulle kunna göra det lättare för

funktionsnedsatta att röra sig. Men är det möjligt? Antagligen, forskare har gett vanligt tyg förmåga att dra ihop sig likt muskelfibrer genom att belägga det med ett elektroaktivt material.

Nya bränslet e-diesel – utvinns "ur luften"
2018 kommer Audi vara med och starta en pilotfabrik där man ska ta fram e-diesel. En ny typ av klimatvänlig diesel – som kan *"trollas fram ur luften"*. 2018 kommer Audi vara med och starta en pilotfabrik för framtagning av ett nytt drivmedel kallat e-diesel. Runt 400 000 liter om året ska produceras[88].

Energi kan komma att utvinnas från saliv och tårar
Vem hade kunnat ana att vi människor sitter på en potentiell egen inbyggd och förnybar energikälla. Forskare har nämligen upptäckt att det skulle kunna vara möjligt att utvinna energi från saliv och tårar. Allt är baserat på ett protein som heter lysozyme och som finns i så väl tårar som saliv men även i äggvita, mjölk och slem. När proteinet sätts under press genererar det energi[89].

Kraftverk i Atlanten kan ge hela världen el
Framtida djupvattenvindkraftverk i världshaven skulle kunna ha kapacitet att producera långt mer förnybar energi än landbaserade vindkraftparker.

De skulle ha potential att förse hela världen med el, enligt en amerikansk studie[90].

Uppfinning ger nytt hopp om vågkraft

En ny typ av vågkraftverk med svenska uppfinningar i botten kan ge ett genombrott för den svårbemästrade tekniken. Lättare och smartare teknik gör bojarna fem gånger så effektiva som andra kraftverk. Uppskattningar säger att vågkraft kan ge 10-20 procent av världen elbehov. Dessutom är det en mer konstant energikälla än sol och vind. Men trots årtionden av försök finns det få kraftverk i drift. Det är för dyrt, för stort och går sönder.

Ön som kan lösa tredje världens energiproblem

Omkring 1,3 miljarder människor i världen saknar tillgång till elektricitet. Med sitt stabila, oberoende nät som drivs av vind, vatten och sol, kan en avlägsen skotsk ö ha hittat en lösning.

År 2008 blev Eigg först i världen med att lansera ett "off-grid"-system, ett självständigt nät, som drivs av vind, vatten och sol. Idag fortsätter den skotska lilla ön att föregå med gott exempel. Inte bara genom att leverera el från förnybara energikällor, utan också genom att visa hur ett samhälles energibehov kan uppfyllas utan tillgång till stamnätet – en utmaning som påverkar nästan en femtedel av världens befolkning.

Nanotrådar kan lösa världens energiproblem

Nanotrådar kan förändra vår vardag i framtiden. De små halvledarstavarna spelar en viktig roll i nästa generations batterier, lysdioder och solceller. Forskare vid Lunds universitet har utvecklat en ny metod för framställning av nanotrådar, ett genombrott som möjliggör tillverkning i industriell skala.

Kan lösa framtidens energiproblem

En framgångssaga som värmer – utan att utarma vår jord. SunPine i Piteå kan vara en del av lösningen på framtidens energiförsörjningsproblem – om bara politikerna fattar nödvändiga beslut.

SunPine har vuxit fram med farten hos en vägvinnande kanonkula. Med Piteås närhet till skogens och massaindustrins aktörer, fann innovatören Lars Stigsson, Kiram, förutsättningarna att uppföra världens första anläggning för att tillverka talldiesel – av massabrukens restprodukt tallolja.

Härmar naturen för att lösa energiproblem

Bo Albinssons forskargrupp använder självorganiserande DNA-molekyler som en byggnadsställning för att skapa system som samlar in ljus. Målet på lång sikt är att lösa jordens energiproblem genom att använda solen som den primära energikällan.

I växter omvandlas solenergi till kemisk energi som får växterna att gro. Om man kan göra fotosyntesen på konstgjord väg så skulle solenergin kunna omvandlas till energi som vi människor kan använda. Varje timme tar jorden emot solenergi i tillräckliga mängder för att försörja hela jordens energibehov i ett helt år.

Svensk teknik omvandlar havets strömmar till grön el
Deep Green kan liknas vid en drake som fästs vid havsbotten och sedan "*flyger*" i en åttaformad bana under ytan. Fäst vid "draken" finns en turbin som roterar när den trycks genom vattnet och på så vis genererar el. Det unika med tekniken är att turbinen, eftersom den inte sitter fast på havsbotten, utsätts för ett vattenflöde som är snabbare än själva havsströmmen. Detta gör att Deep Green fungerar i långsammare strömmar än andra tekniker, vilket öppnar upp en större marknad[91].

Forskare: Skogsrester kan driva inrikesflyget
Restprodukter från svensk skog, bland annat grenar, toppar och svartlut som uppstår vid tillverkning av pappersmassa, täcker mer än väl behovet för att Sverige ska bli självförsörjande på klimatsmart flygbränsle, enligt forskarna[92].

- *Man tar inte bort klimatpåverkan helt, men den blir mycket mindre än med fossila bränslen. Fördelen att göra det med inhemsk råvara i Sverige är att vi får mycket bättre kontroll över att bränslena tillverkas hållbart, vi vet vad det är för råvaror som används, vi vet att det inte förekommer någon skogsskövling eller något sådant,* säger Erik Furusjö, forskare vid IVL Svenska Miljöinstitutet och adjungerad professor i miljöteknik vid Luleå tekniska universitet.

Svettas mycket? – Då kan du bli en ny energikälla
Svett som omvandlas till elektricitet. Det är den senaste innovationen där människokroppen och dess rörelser omvandlas till användbar energi. Sedan tidigare finns bland annat elproducerande trottoarer och värmeanläggningar som utnyttjar[93].

Solen ska lösa världens energiproblem
Plantera energigrödor på all odlingsbar mark - all, alltså ingen mer matproduktion, jättehöga vindsnurror på all mark som blir över, och 6 000 nya kärnkraftverk fram till 2050, det betyder att man måste bygga ett nytt verk varannan dag fram till dess.

Det är detta solenergiforskarna kämpar för att klara sig förbi med hjälp av växter. Deras förmåga att med solstrålning bryta sönder vattenmolekylen H_2O vill man lära sig härma så att man kommer åt H:t, vätet alltså - det är i vätgastekniken man ser möjligheten att globalt förse världen med energi. Och solen räcker iallafall till[94].

Härmar naturen för att lösa energiproblem

I växter omvandlas solenergi till kemisk energi som får växterna att gro. Om man kan göra fotosyntesen på konstgjord väg så skulle solenergin kunna omvandlas till energi som vi människor kan använda[95].

Rödbeta blir energi

I ett pressmeddelande skriver Orkla Foods Sverige att deras organiska restprodukter, såsom skal från potatis och rödbetor, kommer att användas för en utökad användning av förnybar energi i Eslöv kommun.

Restprodukterna kommer från anläggningen i Eslöv där företaget tillagar olika grönsaker från Felix och Önos och färdigmat både från Felix och Anamma. Avfallet transporteras sedan till biogasanläggningen där det blir till förnybar energi[96].

Deras säck ger biogas för två timmars matlagning

Anläggningen för hemmabruk låter dig tillverka biogas av middagsresterna. Sex liter hushållsavfall räcker för att hålla spisen brinnande i två timmar.

Det israeliska företaget lanserade sitt första system för småskalig tillverkning av biogas 2015, då backade via en crowdfunding-kampanj. För två år sedan kom version 2.0 – och nu har Homebiogas utvecklat en tredje tappning, som ger 30 procent mer gas, detta utan att anläggningens fotavtryck har blivit större.

Den nya rötkammaren ligger på 300 liter, vilket är 20 procent större än tidigare. För att sätta igång de bakterier som är nödvändiga för processen krävs 100 liter djurdynga, men om man inte har boskap så går det även att använda Homebiogas bakteriekit. Sedan kan man mata i upp till sex liter organiskt hushållsavfall om dagen, alternativt 19 liter djurspillning – och enligt företaget ska det ge nog mycket biogas för upp till två timmars matlagning om dagen[97].

Tar fjärilar till hjälp för att lösa energiproblemen
Med fjärilsvingar som modell har kinesiska forskare tagit fram en solfångare som kan ge oss framtidens förnybara energi. Det handlar om att effektivare kunna tillverka vätgas av vatten och solljus, genom att imitera en av naturens egna solfångare.

Ännu en gång ställer sig forskare frågan "Hur gör naturen?" för att lösa mänskliga problem. Det kallas biomimetik; att imitera naturliga strukturer och processer för tekniska lösningar. Kardborrband är ett exempel, försöken att använda spindelvävens unikt starka egenskaper för att ta fram nya material är ett annat.

Nu har alltså forskare tagit fram en typ av solfångare med fjärilsvingar som förebild för att tillverka energirik vätgas ur vanligt vatten. Just den här processen, så kallad fotokatalys, ses som ett alternativ för att lösa framtidens energiproblem.

Problemet med processen är att den inte är särskilt effektiv, men med *"fjärilsfångaren"* kan forskarna vara en lösning på spåren. Deras resultat presenteras idag vid amerikanska kemisamfundets möte[98].

Smart stad värmer sig själv
Varje år slösas stora mängder energi bort inom EU. Ett nytt EU-projekt, Reuseheat, ska demonstrera fyra olika skalbara system för att återanvända och återvinna de outnyttjade värmeflöden som finns i stadsmiljöer. Det handlar om värme från exempelvis tunnelbanesystem och avloppsvatten som nu ska kunna användas i bostadshus och kontor[99].

Energilagring
Rosen som är ett energilager
En superkapacitans, ett energilager, har för första gången i världen formats i en växt, i det här fallet inne i en ros. Rosen kan laddas upp och ur hundratals gånger. Genombrottet är ett resultat av forskningen vid Laboratoriet för organisk elektronik[100].

Kärnkraft

Fusion – framtidens energikälla?
Fusionskraft ger oändlig energi utan koldioxidutsläpp och utan farligt radioaktivt avfall, säger entusiasterna. Men är det verkligen sant? I Cadarache i Sydfrankrike har den internationella försöksreaktorn Iter (Internationella termonukleära experimentreaktorn) byggts.

Bygget startade 2013 i Cadarache, fem mil nordväst om Aix-en-Provence vid floden Durence. I dag är området en enorm byggarbetsplats där den 60 meter höga reaktorhallen sakta tar form. 2019 ska allt vara klart och reaktorn monteras[101].

Allmänt
Fönster som förvandlas till solpaneler[102]
Fönster som kan skörda solenergin. Det är vad amerikanska NREL lyckats åstadkomma tack vare ett nytt material.
- *Vi har en bra solcell när det är mycket solsken, och ett bra fönster när solen inte skiner*, säger forskaren Lance Wheeler.

Fönster är något som varje hem, bil och kontor har i överflöd. Vi människor behöver ljus – men tänk om dina fönster skulle kunna agera energilstrare de stunder då du inte är i rummet eller bilen? Detta kan snart vara möjligt tack vare forskning vid amerikanska National Renewable Energy Laboratory (NREL).

I grunden kan solceller och fönster sägas vara varandras motsatser. Den förstnämnda ska absorbera solljus, den andra ska släppa igenom strålarna.

- *Det finns ett fundamentalt problem mellan ett bra fönster och en bra solcell. Den här teknologin överträffar det*, säger Lance Wheeler i ett pressmeddelande

Till sist

Energin är oförstörbar, men vi måste omvandla den i former, som gör den användbar för oss. Nyckel är att vi måste omvandla energin från dess lagringsplats, som inte är gammal, fossil, utan från former, som har nybildats. Alla fossila energikällor har legat lagrade med sin inneboende energi under miljontals år och dess användning rubbar balansen av koldioxid i atmosfären när den förbränns.

Energikällan solen
- som ger energi till fotosyntesen, som är grunden till all växtlighet på jorden.
- som med solceller omvandlas till elektricitet,

- som med sina strålar värmer oss
- som ger upphov till vindar som kan utnyttjas i vindkraftverk
- som avdunstar vatten, som regnar ner och fyller våra vattenkraftsdammar

Referenslista

[1] https://illvet.se/teknik/energi/har-ar-framtidens-energi
[2] https://www.energimyndigheten.se/
[3] http://www.statistikdatabasen.scb.se/pxweb/sv/ssd/START__TK__TK1001__TK1001A/PersBilarDrivMedel/
[4] https://spbi.se/miljoarbete/miljomojligheter/fornybara-branslen/
[5] https://www.bilsvar.se/sv/ordlista/klimatindex/
[6] https://svenskaoljebolaget.se/diesel/
[7] http://www.vindkraftverk.info/
[8] https://www.sp.se/sv/index/research/fornybarenergiomvandling/Sidor/default.aspx
[9] https://www.nyteknik.se/premium/stormtaliga-vagkraftsbojen-skalar-upp-6921659
[10] https://sv.wikipedia.org/wiki/Tidvattenkraftverk
[11] https://sv.wikipedia.org/wiki/Vattenkraft_i_Sverige
[12] https://www.vattenfall.se/elavtal/energikallor/solkraft/
[13] http://www.bioenergiportalen.se/?p=1416

[14] https://sv.wikipedia.org/wiki/Gengas
[15] https://www.energigas.se/fakta-om-gas/natur-gas/vad-aer-naturgas/
[16] https://corporate.vattenfall.se/om-energi/el-och-varmeproduktion/olja/
[17] https://illvet.se/naturen/raamnen/fraga-oss-hur-manga-vaxter-gar-det-at-till-en-liter-bensin
[18] https://illvet.se/naturen/raamnen/fraga-oss-hur-lange-racker-vara-oljereserver
[19] https://sv.wikipedia.org/wiki/Stenkol
[20] http://www.naturskyddsforeningen.se/skola/energi-fallet/faktablad-framtidens-energi
[21] http://blogg.naturskyddsforeningen.se/skolblog-gen/tag/framtidens-energi/
[22] https://www.slu.se/ew-nyheter/nyhetsar-kiv/2015/12/okad-koldioxidhalt-i-atmosfaren-har-forandrat-vaxternas-fotosyntes-under-1900-talet/
[23] https://www.byggahus.se/varme/solceller-integre-rade-glas-tak-andra-byggmaterial
[24] http://illvet.se/teknologi/energi/solceller/revolution-erande-solceller-lovar-ljus-framtid
[25] https://se.search.yahoo.com/se-arch?fr=mcafee&type=E211SE714G0&p=En+helt+ny+typ+av+ultraeffektiva+solceller
[26] https://www.nyteknik.se/energi/svenska-takpan-norna-genererar-sin-gen-el-6859088
[27] https://solkompaniet.se/tjanster/solceller/solcellsfa-sader/

[28] https://www.processnet.se/article/view/686620/har_flyter_framtidens_energi?ref=newsletter&utm_medium=email&utm_source=newsletter&utm_campaign=daily
[29] http://www.dn.se/nyheter/politik/miljoministern-pa-sikt-vill-vi-att-alla-ravaror-ska-cirkulera/
[30] http://www.chalmers.se/sv/nyheter/Sidor/Metanol-ersatter-vatgas-som-framtidens-bransle.aspx
[31] http://www.varmlandsmetanol.se/Gummesson.htm
[32] https://sv.wikipedia.org/wiki/Etanol_(motorbränsle)
[33] http://www.nyteknik.se/innovation/sa-fungerar-bransleceller-6343328
[34] https://sv.wikipedia.org/wiki/Opec
[35] https://miljo-utveckling.se/har-ar-framtidens-branslen/
[36] https://spbi.se/miljoarbete/miljomojligheter/fornybara-branslen/
[37] https://sv.wikipedia.org/wiki/Etanol_(motorbränsle)
[38] https://www.sveaskog.se/press-och-nyheter/nyheter-och-pressmeddelanden/2016/biobensin-kan-tillverkas-av-traflis--foretag-gar-samman-for-att-utveckla-framtidens-drivmedel/?AcceptCookies=true
[39] https://www.sveaskog.se/press-och-nyheter/nyheter-och-pressmeddelanden/2016/biobensin-kan-tillverkas-av-traflis--foretag-gar-samman-for-att-utveckla-framtidens-drivmedel/?AcceptCookies=true
[40] https://www.mestmotor.se/automotorsport/artiklar/nyheter/20180920/guide-nya-alternativa-branslen-

raddar-forbranningsmotorn-och-miljon-hvo-etanol-bio-gas-syntetisk-bensin/
[41] https://www.landskogsbruk.se/forskning/professorn-bakom-gron-bensin-ville-forandra-varlden/
[42] https://www.setragroup.com/sv/press/aktuellt/fyll-tanken-med-bio-olja-fran-skogen/
[43] https://www.organofuelsweden.com/technology
[44] https://sv.wikipedia.org/wiki/Biodiesel
[45] https://sv.m.wikipedia.org/wiki/Fettsyrametylestrar
[46] https://www.energifabriken.se/hvo/?p1=brans-len&p2=hvo&p3=
[47] https://www.svt.se/nyheter/inrikes/ny-forskning-tra-dens-klister-kan-bli-bensin-och-diesel
[48] https://www.setragroup.com/sv/press/aktuellt/fyll-tanken-med-bio-olja-fran-skogen/
[49] https://www.nyteknik.se/innovation/artificiella-lovet-gor-om-koldioxiden-till-metanol-6978098?source=carma&c_rid=63zl0rgp019KHEf-kaDg1476167410%7C82277828&utm_custom[cm]=302 896222,33270&=
[50] http://natgeo.se/vetenskap/livsmedel/vattenmelon-saft-framtidens-grona-bransle
[51] http://www.nyteknik.se/energi/halva-svenska-etanol-behovet-ska-tackas-med-sjopungar-6828134
[52] https://sv.wikipedia.org/wiki/Sj%C3%B6pungar
[53] http://www.avfallsverige.se/avfallshantering/biolo-gisk-aatervinning/roetning/
[54] http://www.biogasportalen.se/FranRavaraTillAnvand-ning/Produktion/TermiskForgasning

[55] http://www.nyteknik.se/energi/modern-kolmila-betalar-av-pa-klimatskulden-6832193?source=carma&utm_custom[cm]=302896222,31788&utm_campaign=mail4
[56] http://www.dn.se/nyheter/politik/miljoministern-pasikt-vill-vi-att-alla-ravaror-ska-cirkulera/
[57] http://www.bioenergiportalen.se/?p=1470&m=955
[58] https://www.nyteknik.se/fordon/nya-branslet-e-diesel-utvinns-ur-luften-6882447
[59] http://www.extrakt.se/innovation-och-gron-tillvaxt/sol-och-vatten-ska-ge-branslet/
[60] http://www.nyteknik.se/energi/studie-fornybar-elracker-till-hela-norden-6818749?source=carma&utm_custom[cm]=302896222,31788&utm_campaign=mail4
[61] http://www.naturskyddsforeningen.se/skola/energifallet/faktablad-framtidens-energi
[62] http://illvet.se/teknologi/energi/den-grona-energinvaxer-sa-det-knakar?SNSubscribed=true&utm_campaign=20170314&utm_content=1&utm_medium=email&utm_source=ILL&email=!!hashedEmail!!
[63] https://teknikensvarld.se/elbilars-batterier-paverkar-klimatet-kraftigt-481493/
[64] https://www.expressen.se/motor/elbilarnas-batterier--sa-paverkar-de-miljon/
[65] http://www.nyteknik.se/energi/konstgjord-molekyllagrar-solenergi-i-flytande-form-6834846?source=carma&utm_custom[cm]=302896222,31788&utm_campaign=mail4#conversion-1453683420

[66] https://illvet.se/teknik/energi/har-ar-framtidens-energi
[67] https://www.nyteknik.se/energi/nu-byggs-varldens-storsta-vindkraftverk-6945376
[68] http://int.search.myway.com/search/GGmain.jhtml?n=785847FA&p2=%5ECZP%5Exdm103%5ETTAB02%5Ese&ptb=2A4C123B-E3B8-43D7-86E0-B507CD37A121&qs=&si=&ss=sub&st=tab&trs=wtt&tpr=sbt&enc=2&searchfor=XIc2magftJHu-UPL0WbYA5N1y0z6hase_HY0g1PKsNst9je-Eztdn1Yx9t4k3nPAyEI1kp5p-7ksfgEyiJwzO3IfDPwemxyj_WAGCqpeBCNs3oooAHRDaAkZl-wPtV-T4R604XFuZ3McmCQUf_o99qPG9JRU277ArL9e7HpzCqy9Cim6PUejIKOmPeFEnb2bepFg2IQ-jqBorLaCBF3Q5DD1nJUyzASFBP8qE89u35WwYi6HA8wWcuNE-DOE2qEB5oBq6r8IjZ8q01h5HJgjo24WrqdnquLqyxMgZ-dOqJk2P2emZAGhwwgwAB6eSEYIcWe-JP_gsef-zviAnxpaHKB2Ew&ts=1573500246326
[69] https://nordeniskolen.org/sv/klimat-natur/energi-kaellor/geotermik/islands-primaera-energikaella/
[70] https://www.aktuellhallbarhet.se/nu-kommer-den-smarta-trottoaren/
[71] https://www.expressen.se/dinapengar/12-satt-att-varma-upp-sitt-hus-sa-valjer-du-det-smartaste/
[72] https://www.nyteknik.se/energi/fornybart-vantas-vaxa-med-50-procent-till-2024-6976020
[73] https://www.svt.se/nyheter/lokalt/vast/vatgas-kan-losa-energiproblem

[74] https://www.nyteknik.se/energi/framsteget-vatgas-som-tillverkas-med-tarmbakterier-6847643
[75] https://www.nyteknik.se/popularteknik/fyrtaktsmotorn-utvinner-vatgas-ur-metan-6827510
[76] https://www.nyteknik.se/energi/sa-kan-billig-vatgas-produceras-6865980
[77] https://www.nyteknik.se/energi/kth-s-material-oppnar-vagen-for-billig-vatgas-6901129
[78] https://illvet.se/teknik/energi/solceller/framtidens-solceller-imiterar-vaxter
[79] https://www.kth.se/forskning/artiklar/algmagen-ger-svar-om-morgondagens-bransle-1.746481
[80] https://www.hig.se/Ext/Sv/Nyheter-och-press/Press/2017-09-08-Sopor-ska-ge-biogas-och-biogodsel.html
[81] https://www.nyteknik.se/innovation/andrad-enzym-kan-ge-gron-bensin-6831914
[82] https://www.nyteknik.se/innovation/mutation-ger-effektivare-etanolproduktion-6397640
[83] https://liu.se/nyhet/lignin-nytt-supergront-bransle-for-branslecell
[84] https://www.nyteknik.se/fordon/forskarnas-textil-ar-ett-bakteriebaserat-batteri-6888330
[85] https://www.nyteknik.se/premium/tillverkade-batteri-av-alger-nu-gor-de-ett-pappersbatteri-6926369
[86] https://www.nyteknik.se/innovation/algbatteriet-laddar-pa-10-sekunder-6409250
[87] https://www.nyteknik.se/digitalisering/sa-ska-zink-luftbatterier-gora-mobilen-mindre-6412374

[88] https://www.nyteknik.se/fordon/nya-branslet-e-diesel-utvinns-ur-luften-6882447
[89] https://feber.se/vetenskap/energi-kan-komma-att-utvinnas-fran-saliv-och-tarar/371520/
[90] https://www.nyteknik.se/energi/kraftverk-i-atlanten-kan-ge-hela-varlden-el-6876553
[91] https://www.va.se/nyheter/2018/02/12/svensk-teknik-omvandlar-havets-strommar-till-gron-el-owilli/
[92] https://www.svd.se/forskare-skogsrester-kan-driva-inrikesflyget
[93] https://www.svd.se/svettig--da-kan-du-bli-en-ny-energikalla
[94] https://sverigesradio.se/sida/artikel.aspx?artikel=892771
[95] https://www.chalmers.se/sv/nyheter/Sidor/Harmar-naturen-for-att-losa-energiproblem-.aspx
[96] https://www.recyclingnet.se/article/view/626445/rodbeta_blir_energi
[97] https://www.nyteknik.se/innovation/deras-sack-ger-biogas-for-tva-timmars-matlagning-6978030
[98] https://www.svt.se/nyheter/vetenskap/tar-fjarilar-till-hjalp-for-att-losa-energiproblemen
[99] https://www.recyclingnet.se/article/view/562796/smart_stad_varmer_sig_sjalv
[100] https://liu.se/artikel/rosen-som-ar-ett-energilager
[101] https://www.nyteknik.se/popularteknik/fusion-framtidens-energikalla-6336214
[102] https://www.nyteknik.se/energi/upptackten-fonster-som-forvandlas-till-solpaneler-6886898

www.ingramcontent.com/pod-product-compliance
Lightning Source LLC
Chambersburg PA
CBHW050112230526
45470CB00004B/1790